JN059354

物理学実験

第2版

神奈川大学工学部応用物理学科 編

学術図書出版社

まえがき

本書は神奈川大学工学部物理学実験の指導書として編集されている．

物理学実験の目的は

(1) 具体的な現象を，歴史的な，あるいは最もふさわしい手段で測定することにより，自然法則や物理量を定量的に把握する．

(2) 本学で行われているいろいろの実験実習をはじめ，一般の試験的実験や研究的実験を行うのに共通な基礎的事項を習熟する．の二点である．

実験は自然に対する予測の検証や新しい知識を得るために行うもので，以下の一連の過程を含んでいる．

(1) 実験の目的を定め，その実施方法を考える．

(2) そのための装置を選ぶ．既製の物がない場合には装置の考案や作製を行う．

(3) 装置を用いて観測や測定を行う．

(4) 得たデータを解析・検討し，結果をまとめる．

いろいろな制約から，物理学実験では上記 (1)，(2) の過程は大学で準備されており，(3)，(4) の過程に重点がおかれている．しかしながら，本来，実験は (1)，(2) の過程から始まるものだという立場に立って全体を見渡しながら実験を進めてほしい．

本書は三つの部分から構成されている．

第 I 部　物理学実験の基礎

受講要領から始まり，実験を行うのに必要な共通基本事項が記されている．この部分の内容は学期の初めの時間に講義される．

第 II 部　物理学実験項目

実験テーマごとに，実験の目的，理論，装置，方法が具体的に述べてある．実験項目の最初の 4 つは実験に関する基礎，つまり

(1) 実験を計画的に行うこと

(2) 基礎的な測定器の作動原理や取扱い方

(3) 測定データの処理や信頼度の求め方

(4) レポートの書き方

等を具体的に学ぶのに適した内容の実験が選んである．これらを基礎実験とよぶことにする．5 番目以降の実験項目では，基礎実験で学んだことを応用し，さまざまな実験装置や物理現象を理解することを目的としている．

各実験項目には，実験進行の実例として 測定例 や 計算例 が示されている．これらはあくまでも参考のための表示であり，実験によって得たデータの正確な数値や有効桁数

は“例”の場合とは異なることがある．従って，データの取扱は“例”のまねをせず，その実験に即して自分の判断で行う必要がある．

第 III 部　付録

誤差論や定数表等が付けられている．後に利用されることを考慮して，物理学実験に必要な内容よりは少し詳しくなっている．文献の一つとして利用していただきたい．

本書は，応用物理学科が開講する物理学実験の現担当者やこれまでに担当いただいた方々による長年の考察と工夫の蓄積により現在の形となっています．その方々に感謝いたします．現編者らは，実験装置の変更に伴う実験方法の変更等について関係部分を編集しました．

目　次

第 I 部

物理学実験の基礎

1 受講要領

1 物理学実験の実施法

物理学実験は次の手順にしたがって行う．

(1) 実験開始前

1. 実験室 (5 号館 3 階) の廊下に掲示板があり，各実験日の実験テーマ名，各自の班番号，共同実験者の学籍番号，実験を行う実験室名，その他の伝達項目が掲示してある．これらによって次に行う実験テーマを知り，前もって実験の「目的」「理論」「装置」「方法」等を頭に入れておく．
2. 前回の実験レポートを，指定された期限までに準備室の前においてある箱の所定の場所に入れる．
3. 実験開始時刻になったら，班の代表者が準備室で実験器具貸出表に記名し，器具を借り所定の実験室に行く．

(2) 実験中

1. 指導書を読み，実験台上の装置および借り出した器具の不足，不備を点検する．不足器具等があれば，準備室まで申し出る．
2. 測定条件 (天気，温度，湿度，気圧) を調べ，装置，試料の番号を控える．
3. 実験装置類は取扱い方法を理解するか，または教員の指示があるまでは，勝手に動かさないこと．一組にセットされた装置は，他の組の物と交換したり混用してはならない．
4. 実験中は各自，測定，記録，計算などを分担して行う．単に測定するだけでなく，測定データを正しく記録することや実験の進行状態のチェック (正常なデータが得られているかなど) をすることも大切である．このチェックは実験の精度を上げたり，実験時間の短縮にも役立つ．
5. 測定の再チェックやデータ処理を行うために，実験データは少なくとも授業終了時刻の 30 分前には取り終える．短時間に精度のよいデータを得るのも学習目標の一つである．
6. データを取り終えたのち，ただちに実験結果を求める．結果を公値等とくらべて，その良否を判定する．
7. データおよび結果のチェックが終わったら班全員がそろって準備室で教員の再チェックを受け，その指示にしたがう．再チェックが終了後，各自のレポートの表紙 (実験日印の所) に捺印してもらう．

(3) 課題実験終了後

1. 疑問点のチェックや実験課題以外の試みを行いたい者は申し出る．
2. 装置，器具，カバー等を点検整頓し，水道，電気等もあわせて，実験開始前の状態に戻しておく．

3. 最初に借り出した器具を準備室に返し，係の者の点検を受ける．点検が終われば借り出すときに記名したものを鉛筆などで線を引いて消す．
4. 準備室の出席表に各自が自筆で記名する．また準備室にある棚から返却レポートを受け取る．返却されたレポートが再提出であれば，指摘された箇所を訂正し，指定日までに他のレポートと同様に提出する．
5. 掲示板の伝達事項の有無を確認しておく．

[注意]

① 1テーマの実験は，レポートの評価完了をもって終わる．たとえ実験を行ってもレポートのないものは採点の対象にはならない．レポートは必ず提出しなければならない．

② 学期末の実験日は予備日にとってある．欠席のため，実験が出来なかった者，再実験を指示された者は教員と打ち合わせて，実験日と手順を決めておくこと．

③ 実験日には関数電卓を持参すること．忘れた者は準備室で借りることができる．

以上の実験手順をわかりやすく図示すると次ページの図1のようになる．

2 実験中のマナー

1. 遅刻しないこと．一人ではできない実験もあるので自分が困るだけではなく，他人にも迷惑をかける．
2. 実験台は整理整頓し，荷物，上着など不用な物は一切置いてはならない．各実験室の所定の場所に置くこと．
3. 実験中は静かにすること．また扉の開閉は静かに行うこと．他の班の実験に悪影響が出る．
4. 室内では飲食を禁止する．
5. 実験中は禁煙すること．
6. 実験中に装置が故障したり，器具が破損した場合は，係の者に申し出て所定の手続きをとること．そのまま放置しておくと，自分達だけではなく，次の実験をする人達にも支障をきたす．また勝手に処置すると危険な場合がある．
7. 実験が終われば，使用した物はイスなども含めて，最初の状態に戻しておくこと．ゴミは各自くずかごに捨てること．

3 記録の取り方

実験には測定，記録，データチェック，結果の導出の一連の作業がともなう．従って，実験指導書の他に，レポート用紙(実験ノートとして使用)，定規，関数電卓等を準備する．グラフ用紙は準備室に用意してある．レポート用紙とグラフ用紙はA4判のものを使用すること．実験中に記入した実験ノートおよびグラフ用紙は，レポートの一部としてとじ込む．具体的な記入法は各実験項目ごとの測定例や計算例を参考にするとよい．記入した実験ノートおよびグラフはそのままレポートにするので(後で清書したりしない)，書式を考えながらていねいに書く

実験手順の流れ

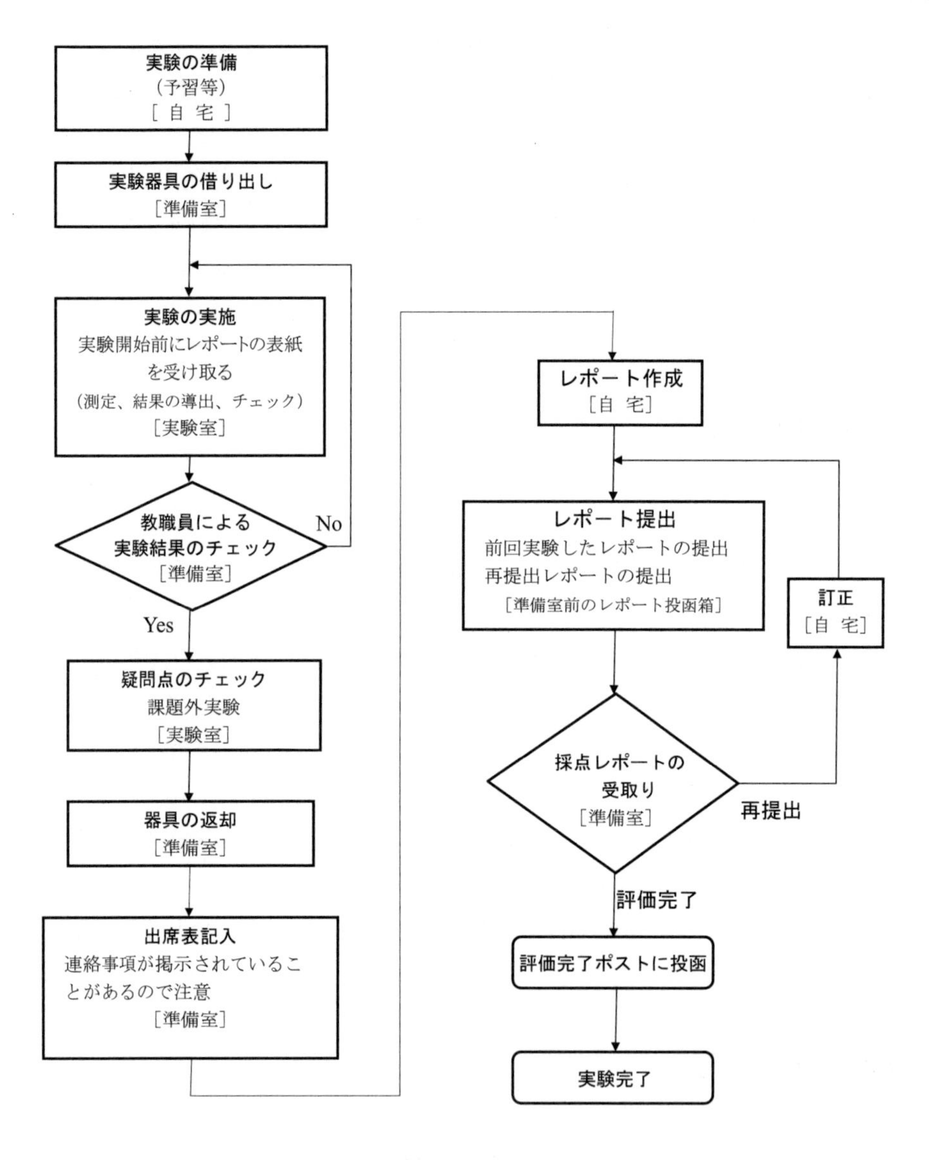

図１　実験手順の流れ図

こと．

[1] 実験ノートの書き方

実験ノートの書き方は次の順序と要領による．

(1) 実験課題名，実験者名，実験条件

最初に図 2 のようなレポートの表紙が配布される．実験を始める前にこの表紙の上半分の部分に記入する．

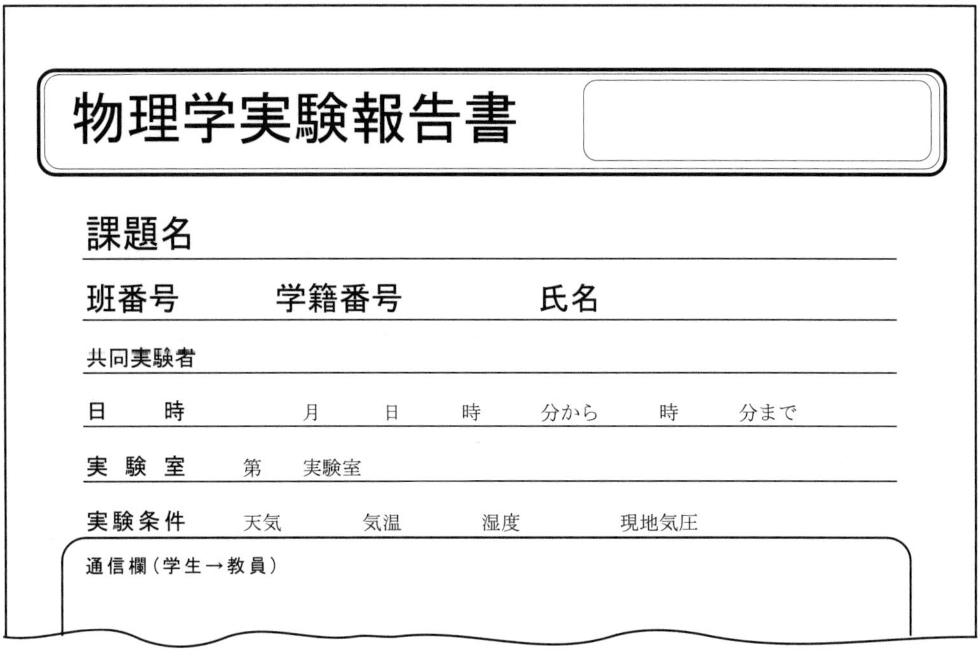

物理学実験報告書

課題名

班番号　学籍番号　氏名

共同実験者

日　時　月　日　時　分から　時　分まで

実 験 室　第　実験室

実験条件　天気　気温　湿度　現地気圧

通信欄（学生→教員）

図 2　表紙記入欄

(2) 装置

装置・試料名および装置・試料番号を記入する．

(3) 測定値

記録は記憶の不確実さを補足するものであり，また後日他人にその信頼性を示すものである．従って，そのつど直接記入しなければ価値がない (別の紙から清書したり，暗算後のものは価値が低い)．

① 有効数字を考慮しながら直接読み取った数値を書く．数値には物理量の名称と単位を必ず記入する．

② ノートをとりながら，データを見て実験が正しく行われているかをチェックする．テーマによってはグラフ用紙に実験値をプロットしながら測定するとよい．

(4) 計算

測定値を用いて，実験結果や誤差を求める．このとき次の点に注意する．

① 同じ計算が二度記入されているレポートが特に多いので，記入の際に記入場所と形式を考える．

② 有効数字 (13 ページ [有効数字] 参照) を考慮しながら計算を行ない，電卓に表示さ

れる数値を丸写しにしない．

③ 演算過程がわかるように，途中の計算を省略せずに記入する．このことは計算結果の有効数字の桁数を決めるのにも役立つ (「桁落ち」が生ずる場合など)．

④ 計算式の最後に得られた数値には単位をつける．

(5) 計算結果の表記および結果のチェック

① 計算により結果が求まれば，その名称と数値と単位を記入する．

② 巻末に公値のあるものは相対誤差 (16 ページ [誤差] 参照) を求めるなどした後，結果が正しく得られていることをチェックする．

③ 結果が予想される値と 1 桁近くも異なる場合は，

計算違い

データの書き誤り (数値および単位)

実験や測定の誤り

などが原因であるからそれらを調べる．もし，実験や測定に大きな誤りがあったときには，実験をやりなおすこともあるので，直ちに担当教員に報告する．

④ 実験をやり直した場合でも，前のデータを捨て去らないこと．間違ったデータでも何を間違ったかを知るための貴重な記録となる．

[2] グラフの書き方

(1) グラフについて

データを数表の形で示すことは，物理量を絶対的な数値の大小 (定量的) として精度よく表現するのに適している．一方，グラフによる表示は精度はやや劣るが，相対的な変化や傾向 (定性的) を一目でつかむことに向いている．[1] で述べたように，実験中に測定に合せてグラフを作っていくことによって，測定の不備や注意すべき特異な現象を発見することができる．グラフはこの意味で重要である．従ってグラフを書く場合には，この性質を生かすように，次の点に注意すること．

① グラフには，何と何の関係を表したものか，その題名を書く．また縦軸，横軸には物理量の名称と目盛と単位を書く．余白に，実験条件や試料名も記入する．計算は計算欄で行い，グラフ用紙には書かないこと．

② 測定点がグラフ用紙の片隅にかたよらず用紙全体に広がるように，グラフの目盛の間隔を決める．

③ 測定値はもともと測定誤差を含んでおり，グラフ上では幾何学的な点ではない．従ってグラフ上には，はっきりと見やすい点を書く．測定精度の高い場合や誤差の大きさがわかっている場合には ⊙ や誤差棒をつけて書く (図 3 参照)．

④ 複数の種類の測定値を同じグラフ上に書くときには ●⊙△× 等記号を変えて書き，それらを結ぶ線も，実線，破線，点線等，線の種類を変える (図 3 参照)．

⑤ 自然現象における変化は普通はなめらかである．従って，測定点を結ぶ場合は，なるべく測定点の近くを通り，その線の両側に測定点が，うまくバランスして分布するように，直線や曲線を引く (図 3 参照)．

(2) 対数グラフ

グラフ用紙は用途に応じて様々の種類がある．例えば物理量 x と y が a, b を定数として，

$$y = ax^b$$

という関数関係にあるとき，方眼紙の縦軸を y，横軸を x にとって実験点をプロットすると曲線になる．ここで，

$$Y = \log y$$

$$X = \log x$$

$$A = \log a$$

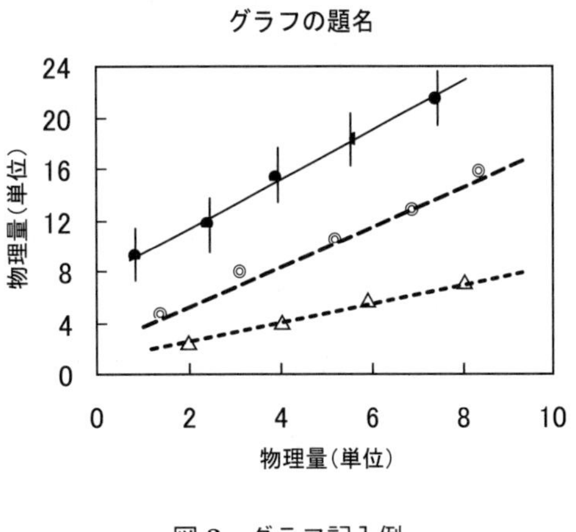

図3 グラフ記入例

と置き換えれば

$$Y = bX + A$$

となり，x と y の対数値 X, Y を方眼紙上にプロットすれば直線となる．こうすると x と y の関係の見透しがよい．グラフ表示の特徴は数量間の関係や傾向を一目でつかむことにあるから，この場合，生の x, y を用いるよりも対数値 X, Y を方眼紙にプロットするのが上手な表示法である．

このためには，x, y を対数値 X, Y になおさなければならない．そこで，生の x, y の値をグラフ用紙にプロットすれば，X, Y を方眼紙にプロットしたことになるようにグラフの目盛を作っておくと便利である．図4のような目盛がそれであり，対数目盛という．ただし，グラフの目盛間隔と原点を自由にはとれなくなることに注意が必要である．

図4 対数目盛

縦軸，横軸とも対数目盛にしたグラフを両対数グラフ，一方だけが対数目盛のものを片対数グラフという．従って

$$y = ax^b$$

は両対数グラフ上では直線となる．

y と x が

$$y = a\exp(bx) \qquad (\ \exp(bx)\ \text{は指数関数}\ e^{bx}\ \text{の意味}\ )$$

の関係にある場合には両辺の対数をとって

$$Y = \log y, \qquad A = \log a, \qquad B = b\log e \qquad (\ e = 2.71828\cdots,\ \text{自然対数の底}\ )$$

とおけば

$$Y = Bx + A$$

となる．この場合には，y 軸を対数目盛に x 軸を等間隔目盛にとった片対数グラフ上で直線となる．

[例]　x, y の測定値が次のように求まった．

x	0.6	0.8	1.0	1.2	1.4	1.6
y	35.0	47.8	70.5	98.6	142.5	199.8

これを片対数グラフにプロットすると図 5 のようになる．

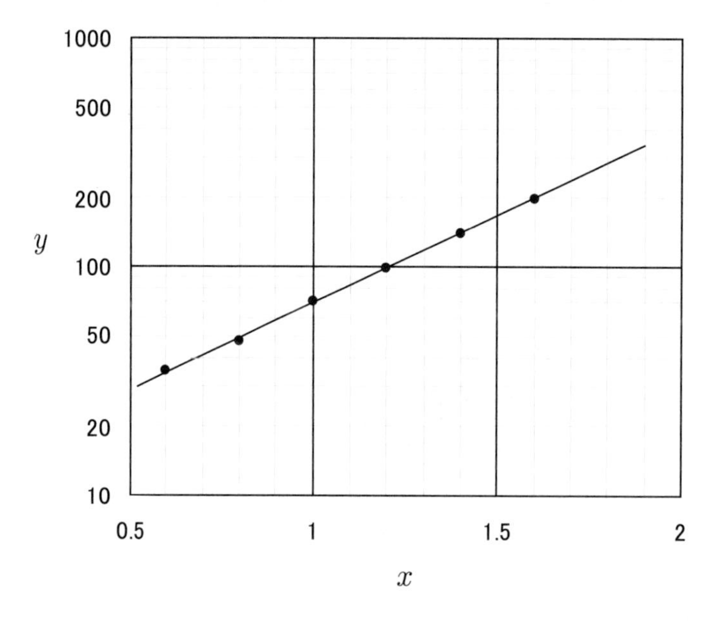

図 5　片対数グラフ

4 レポートの提出要領および書き方

[1] 提出要領

レポートは実験のしめくくりであり，レポート提出のないものは採点の対象にならない．1 テーマの実験に対し，各自 1 通ずつ必ず提出する．レポートの提出要領および書式は次の通りである．

(1) **用紙**：A4 判の用紙を用いる．また，決められた表紙をつける．

(2) **提出期限**：通常は，実験終了後から次回の実験日の 8 時 40 分までに提出する．特別な場合は担当者から指示がある．提出が遅れると減点される．

(3) **再提出レポート**：指示された点を訂正し，指定日までに出す．全体を書き直すのではない．また教員がレポートに書き込んだものを消さないこと．

[2] レポートの書き方

次の順序で 8 項目にわけて，項目番号，項目名を明記する．項目の番号，順序などを勝手に変更してはいけない．

(1) **目的**：実験の目的を手短かにまとめる．

(2) **理論**：実験の原理を簡単に述べ，実験に用いる重要な理論式を説明する．説明は明確に，要領よくまとめる．

(3) **装置**：装置名を記し，装置図を描く．

(4) **方法**：箇条書にまとめる．文章を簡潔にし，指導書の引き写しはやらないこと．図は説明に必要な場合だけ描く．

(5) **測定値**：実験室でとった実験ノートをそのまま全部入れる．レポートの末尾に添えるのではない．計算だけに使った紙があればそれも添える．

(6) **計算**：計算を行うには後述の [3 有効数字]，[5 データ処理] の項を参照する．

① 実験で得たデータを用いて目的の量を計算する．実験直後に行った計算は，ここで改めてチェックする．

② 計算は各自で行うこと．他人の計算を丸写ししたものは不可とする．また，指導書の測定例，計算例と一致するとは限らない．

③ 直接測定で，確率誤差が求まるものについては確率誤差を計算し，間接誤差で確率誤差が求まる量についてもなるべく，確率誤差を求めておく．

(7) **結果**：直接測定値や間接測定値として，物理量の名称・単位とともに，計算で得られた結果の最終的な数値 (誤差の求まるものは誤差を含めて表記する) をもう一度清書する．

[例 1] ヤング率の測定の場合

鋼のヤング率 20.5×10^{10} N/m^2

真ちゅうのヤング率 9.53×10^{10} N/m^2

[例 2] 円柱の体積の測定の場合

円柱の外径 $d = 37.150 \pm 0.007$ mm

円柱の高さ $h = 60.00 \pm 0.01$ mm

円柱の体積 $V = 65.04 \pm 0.03$ cm^3

(8) **検討**：検討は実験のしめくくりとして極めて大切であり，これのないものはレポートとみなされない．

検討とは実験結果に生じた誤差の原因をできるだけ定量的に探求することであり，必ず行わなければならない．

誤差原因を探求する方法を以下に示す．

① 巻末に公値のあるものについては，公値との絶対誤差および相対誤差を求める．

$$(\text{絶対誤差}) = (\text{結果}) - (\text{公値}) \qquad [\text{単位}]$$

$$(\text{相対誤差}) = \frac{|(\text{結果}) - (\text{公値})|}{(\text{公値})} \times 100 \qquad [\%]$$

公値のないものは，結果が非常識でないことを確かめる．

② 誤差の原因を定量的に調べるには次の手順で行うとよい．

(a) 測定値，計算結果，グラフなどを見て誤差を生じさせる可能性のある原因を列挙する．

(b) 各々の原因によって生じる誤差の大きさを具体的な数値で見積る．

(c) (b) で求めた値が結果にどのくらい影響をおよぼすか計算する．その大きさに基づいて結果の誤差の原因を再考する．また誤差が小さい場合でも，使用した装置の精度内にその誤差がおさまっていることを確かめる．

③ 装置，方法，理論等について改良すべき点を研究する．

計算例

測定値

外径 d_1=37.15 mm

内径 d_2=32.85 mm

高さ h =60.00 mm

計算　[注]

円筒の体積

$$
\begin{aligned}
V &= \pi(d_1^2 - d_2^2)h/4 \\
&= \pi(d_1 + d_2)(d_1 - d_2)h/4 \\
&= 3.142 \times (37.15 + 32.85) \times (37.15 - 32.85) \times 60.00/4 \\
&= 3.142 \times 70.00 \times 4.30 \times 60.00/4 \\
&= 14.18 \times 10^3 \text{ mm}^3 \\
&= 14.2 \text{ cm}^3
\end{aligned}
$$

[注]　計算は途中の有効数字 ([3 有効数字] 参照) を考え，数値が逐一わかるようにすべて書く．

2 測定法

1 測定と測定の種類

物理量の大きさは，同じ種類の任意の大きさの量を基準に選び，それと比較して何倍にあたるかで表す．例えば，長さの場合，1 m を基準にし，その 25 倍であれば 25 m と表す．測定とは，任意の物理量が基準の何倍にあたるかを調べることである．物差しで長さを測る場合のように，ある物理量を同種の単位量と直接比較するのを直接測定 (direct measurement) という．

また円柱の直径と高さを測って体積を求める場合がある．このようにいくつかの直接測定値を用いて目的の物理量を算出する方法を，間接測定 (indirect measurement) という．

2 測定方式

測定方式には偏位法と零位法の二種類がある．偏位法とは変換器によって，測定量の大きさを数値や針の振れ等に変えて測る方式である，電流計や電圧計がこの方式を用いている．零位法とは，既知の基準量と測定量をつり合わせ，その時の基準量を測定量とする方式であり，天秤がこの方式である．測定器の構造上，零位法を用いるほうが容易に測定精度を上げられる．

3 測定器

測定器はどんなものでも，測定する物理量の真の値と計器の表示値の間にくい違いがある．この差を計器の器差という．器差の最大許容量は，計量法や日本工業規格 (JIS) で定められており，これを公差という．(具体例は 151 ページ以下の基本的測定器の精度の項を参照)．測定器の精度はこの公差により分類されている．例えば電気計器において 0.5 級の測定器とは，測定誤差の許容値が目盛最大値の ± 0.5% 以下であることを保証されているものである．個々の測定器の器差についての詳細は測定器についている説明書を参照すればよい．等間隔の目盛がついている計器の器差は，目盛の全域に対して均等に存在している．このために計器の目盛の小さいところでは測定値に対する相対的な誤差が大きくなる．従って，使用する計器または測定レンジを選ぶ場合には，その最大目盛が測定しようとする量の 1.5 倍程度になるようにするとよい．測定の目的に応じて適切な測定計器を選ぶことが必要である．

計器の文字板には目盛以外にも多くの情報が書き込まれている．電気のメータ類では，mA，～，CLASS 0.5，No.1234，⊥ などの表記が見られる．これらは，目盛数字の単位がミリアンペア，測定対象は交流，測定精度が 0.5 級，製造番号が 1234，文字板の姿勢を鉛直にして測定すべきことをそれぞれ示している．どの表記も重要であるが，計器の姿勢などは見逃しやすく，間違っていても “その結果” が目に見えないので注意を要する．

測定値の表示方法は数値として表示されるデジタル型と，ブラウン管への図形表示も含めたアナログ型がある．アナログ型では，寒暖計や電流計のように水銀の長さや針の位置を計器の目盛で読むことにより測定値を得る．

4 測定値の読み取り

零点調整のできる測定器では，測定前に零点を調べ調整する (例えば電流が流れていないとき電流計の針が0を指すようにする).

測定器は観測する眼の位置によって目盛の読みが違ってくる．これを視差という．視差を除くように工夫された測定器もあるが，それのないものは注意して測定する．

測定器の読み取りは，デジタル型は表示の数字そのものを読めばよい．アナログ型は計器に目盛ってある最小目盛の1/10まで測れる約束になっている．従って最小目盛が1 mmの物差しで長さを測れば，12.3 mmのように，0.1 mmの位まで読み取れる．アナログ型，デジタル型どちらにしても，読み取った値そのものが，真の値というわけではない．この点については誤差の種類の項 (16ページ 2) を参照せよ．

使い慣れていない測定器を使用するときは練習をしてから測定に入るとミスが少ない．

3 有効数字

1 有効数字

例えば，物体の長さを正確な mm 尺で測って 12.3 mm と読んだとする．前ページ「測定値の読み取り」で述べたように，この最後の数値 3 は目分量であって ±1 以下の不確実さを含むが，一応信頼できる数字である．3 より上の位の 2 および 1 の数字は完全に確かな数字である．これら 1，2，3 のように意味のある数字を有効数字といい，その桁数を有効数字の桁数という．上の例では有効数字は 3 桁である．もし，0.1 mm まで目盛った物指を用いて最小目盛以下を目分量で読んで 12.32 mm を得たとすれば，これは有効数字 4 桁の数値である．

2 位(くらい)取りの 0 と有効数字の 0

読み取った数値が 0.0023 の場合は 2 および 3 が有効数字であり，23 の前の 0.00 は有効数字ではなく，小数点の位置を示す位取りの 0 である．そこで，有効数字が 2 桁であることを明示するためには，2.3×10^{-3} あるいは 23×10^{-4} と表示するほうがよい．

読み取った数値が 23.0 の場合には，最後の数値が目分量で，それがたまたま零であることを示している．よってこの 0 は有効数字であり，数値全体の有効数字は 3 桁である．このように，数値の末尾の 0 は有効数字であるから，勝手に切り捨てたり付け足したりしてはならない．

また質量を測って 25.7 kg という値を得た場合，それを g に直すとき単に 25700 g と書くと有効数字 5 桁の場合と区別がつかなくなるので測定値の表わし方としてはよくない．2.57×10^{4} g と書くべきである．

[問題]　次の測定値の有効数字は何桁か．

① 0.0025 cm

② 2340.0 m

③ 重力加速度　$g = 980.631\ \mathrm{cm/s^2}$

④ 光速度　$c = 2.997925 \times 10^{8}\ \mathrm{m/s}$

3 有効数字を考慮した数値計算法

測定値には必ず測定誤差が含まれている．従って，測定値を用いた計算では，有効数字を考慮して，意味のある計算をしなくてはならない．不注意に計算を行うと，物理的に意味のない細かい数字まで求めたり，逆に計算誤差が測定誤差を上回ったりする．次に有効数字を考慮した計算例を示す．

[例 1]

$$\begin{array}{r} 12.3\boxed{4} \\ +\quad 0.146\boxed{7} \\ \hline 12.4\boxed{867} \end{array}$$

囲み内は不確実さを含む数字

この場合 12.4867 と記すことは意味がなく四捨五入して 12.49 とする．

[例 2]

$$
\begin{array}{rll}
13.5\boxed{6} & \cdots & 4\text{ 桁} \\
\times\quad 5.2\boxed{1} & \cdots & 3\text{ 桁} \\
\hline
\boxed{1356} & \leftarrow\cdots & 135\boxed{6}\times\boxed{1} \quad \text{囲み内は不確実さを含む数字} \\
271\boxed{2} & \leftarrow\cdots & 135\boxed{6}\times 2 \\
678\boxed{0} & \leftarrow\cdots & 135\boxed{6}\times 5 \\
\hline
70\boxed{6476} & &
\end{array}
$$

この場合 4 桁目を四捨五入して 70.6 を用いる (有効数字 3 桁)．以上の例を参考にして有効数字に注意した数値計算法をまとめると，次のようになる．

[1] 加減算の場合

(1) 2 数を加減した答の有効数字は 2 数のうち，末尾の数字の位の高い方の数値で決まる．よって，1 つ下の桁まで計算して四捨五入する．これは計算誤差を測定誤差より小さくするためである．

[例 3]

$$
\begin{array}{r}
12.34 \\
+\quad 0.1467 \\
\hline
12.4\overset{9}{\not 8}\not 6 7
\end{array}
= 12.49
\qquad
\begin{array}{r}
12.34 \\
-\quad 0.1467 \\
\hline
12.19\not 3 3
\end{array}
= 12.19
$$

(2) 2 数の減算では，各数の有効数字の桁数が大きくても，それらの差の有効数字は非常に小さくなることがある．この現象を「桁落ち」と呼び，注意が必要である．

[例 4]　$3.465 - 3.385 = 0.080$

もとの数は有効数字が 4 桁あるが，その差 0.080 は 2 桁しかない．

[2] 乗除算の場合

(1) 有効数字 m 桁と有効数字 n 桁の数値を乗除した答の有効数字は m, n のうちの小さい方の桁数と一致する．

[例 5]

$$
\underset{(4\text{ 桁})}{13.56} \times \underset{(3\text{ 桁})}{5.21} = \underset{(3\text{ 桁})}{70.6\not 4} = 70.6
\qquad
\underset{(3\text{ 桁})}{78.9} \div \underset{(4\text{ 桁})}{4.563} = \underset{(3\text{ 桁})}{17.\overset{3}{\not 2}\not 9} = 17.3
$$

(2) 多くの数値を乗除するとき，それらの数値の中で有効数字の桁数の最も少ないものを m 桁とすれば，答の有効数字は m 桁となる．

(3) 従って，計算誤差を測定誤差より小さくするためには，他の数値を 1 桁多い $m+1$ 桁の数に四捨五入しておいてから乗除の演算を行うのが合理的である．

(4) つまり，途中の演算はすべて $m+1$ 桁まで行い，最後に四捨五入して m 桁とする．

[例 6]　$4.40 \times 2.5 \times 6.21\not 0 / 26.5\not 4\not 9 = 2.\overset{6}{\not 5}\not 7 = 2.6$

乗除数のうち最小有効桁数をもつ数字 2.5(2 桁) により答えの有効数字は 2 桁となるから，他の数値は 3 桁にそろえてから計算する．

[注意] ただし，これらは概略の法則である．例えば，同じ3桁の測定値の中でも最も精度の低いものは100であり，最も精度の高いものは999であるが，999はほとんど1000(4桁)に等しいから100よりは約1桁精度が高い．このように同じ有効数字の数値であっても，その数値の最初の数字が1に近いか9に近いかによって，精度が1桁近く異なる．厳密に扱う場合には，**[例2]** のように何桁目に疑わしい数字が現れるかを個々に確かめて有効数字の桁数を決めなければならない．より詳しくは測定値の平均値の確率誤差(21ページ 2 (2))や，間接測定値の求め方(23ページ 3)の項を参照すること．

[3] 定数について

(1) [第II部 基礎実験IV](48ページ)の円柱の体積 $V = \pi d^2 h/4$ における数字4などは実験から得られる数値ではなく理論上の定数すなわち完全に正確な数学的数値である．その有効数字の桁数は無限大とみなすべきもので，4.0000･･･ と考える．当然，計算結果の有効数字に影響をおよぼすことはない．

(2) 円周率 π のような無理数の定数や，標準重力加速度 g_n のような物理定数等は有効数字の桁数の大きな測定値と同様に扱えばよい．例えば m 桁の数との積を考える場合は $m+1$ 桁の近似値を用いるとよい．

以上のことを考慮に入れた計算例を以下に示す．

計算例

$$
\begin{aligned}
T &= \frac{mg}{\pi(d_1+d_2)} - \frac{(d_2-d_1)\rho g h}{4} \\
&= \frac{1.68 \times 979.8}{3.142 \times (3.385 + 3.465)} - \frac{(3.465 - 3.385) \times 1.000 \times 979.8 \times 0.30}{4} \\
&= \underbrace{1.68 \times \overset{[注1]}{979.8} / (\overset{[注2]}{3.142} \times 6.850)}_{\text{A 項}} - \underbrace{\overset{[注3]}{0.080} \times 1.000 \times 979.8 \times 0.30/4}_{\text{B 項}} \\
&= 76.48\cancel{0} - 5.8\overset{8}{\cancel{7}}\cancel{8} \qquad [注4] \\
&= 70.6\cancel{0}\ \mathrm{dyn/cm} \qquad [注5] \\
&= 7.06 \times 10^{-2}\ \mathrm{N/m}
\end{aligned}
$$

[注1] A項の中で有効数字の桁の最も少ないのは1.68であるから，A項の有効数字は3桁である．よって横浜の g の値としては1桁多い4桁の値 979.8 cm/s^2 (156ページ表3を参照)を用いる．ただし，1.68の最初の数字1に比べて g の最初の数字が9であるから，3桁の数値980を用いても十分である．

[注2] [注1]と同じ理由で，π の近似値は4桁の3.142を用いる．

[注3] 上記[例4]参照．

[注4] A項の有効数字は3桁，B項のそれは2桁であるが，計算の途中であるからそれぞれ4桁と3桁まで求めた．

[注5] 最後の桁を四捨五入する．

4 誤差および測定精度

1 誤差

測定器には構造上その精度に限度があり，また目盛を読む機能にも限界があるので，測定した値 x は真の値 X と一致しない (努力によって真の値に近づけることはできる)．測定値と真の値の差 $(x - X)$ を絶対誤差 (あるいは単に誤差) という．絶対誤差を e_0 で表すと

$$e_0 = x - X\,[\text{単位}]$$

である．また，絶対誤差 e_0 の真の値 X に対する割合に 100 を乗じたもの

$$e_r = \frac{|x - X|}{X} \times 100\,[\%]$$

を相対誤差 (あるいはパーセント相対誤差) という．

2 誤差の種類

(1) 系統的誤差

はっきりした原因で規則的に起こるもので，修正によって除去可能な誤差である．

1. 計器の目盛の粗さによる誤差

図 1 のように，mm まで目盛った物差しを用いて物体の長さを測ったら 12 mm の目盛線より約 1/3 目盛だけ長かった．これをある人が目盛の間を目測して 12.3 mm と読んだ．これを別の人が読めば 12.2 mm あるいは 12.4 mm と読むことはあり得るが，12.1 mm や 12.5 mm と読むことはまずあり得ない．従って，物体の真の長さは 12.2 mm と 12.4 mm の間にある．これは，測定値 12.3 mm が ±0.1 mm 以下の誤差を持つことを意味している．この誤差を読み取り誤差という．読み取り誤差は，測定器の目盛の 1 目盛以下を目分量で読もうとするために起こるものであり，その大きさは 1 目盛の 1/10 を超えることはない．

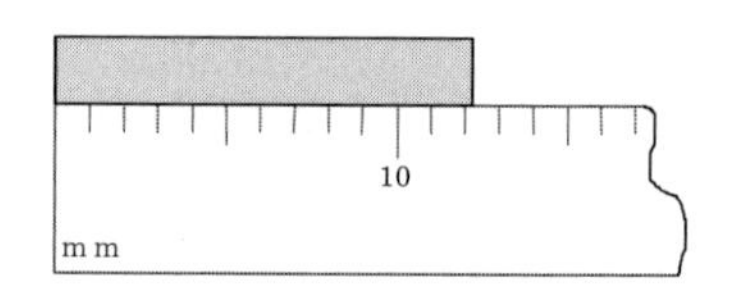

図 1　読み取り誤差の例

目分量の読み方は人により個人差はあるが，熟練すれば最小目盛の 1 つ下の桁までほぼ正確に読めるようになる．また，副尺を用いることにより正確に読める (43, 44 ページ参照)．そうなれば何回繰り返しても同じ測定値が得られるので，この種の測定は数多く繰り返しても意味がない．不注意による見誤りがないかを検査する意味で 2，3 回繰り返して値が一致することを確かめれば十分である．

デジタル型測定器では測定したアナログ量を電気的に変換して数値として表示する．従って計器に表示された最後の数値にも，アナログ型の測定器と同様に ±1 以下の誤差が存在する．

この誤差を小さくするにはもっと精度の高い測定器を用いればよい．

2. 計器の目盛のくるいによる誤差 (器差)

計器の目盛の零点が最初からずれていたり，使用時の条件 (温度，湿度など) によって計器が

伸縮したりして目盛が不正確になっているために生じる誤差．デジタル型測定器にもこの誤差が存在する．この誤差は測定器を標準の計器と比較して補正 (器差補正) したり，公差の小さな測定器を用いることによって，小さくできる．

3. 個人誤差

個人によって目分量の目盛を小さめに読むとか，ストップウォッチを常に早めに押すとかの癖などに基づく誤差をいう．この誤差は測定者の癖を明確にし，さらに何らかの方法を考えて消し合うようにするなどの考慮を払えばほとんど除くことができる．

4. 理論的誤差

間接測定において，使用する理論式の近似等による誤差．より正確な理論式を採用すれば除くことができる．

(2) 過失誤差

測定者の未熟練，不注意からくる目盛の見誤り，記録の書き誤り等によるもの．これは測定を繰り返し，結果を検討することにより，過失を検出し除去できる．なお，実験に習熟するとともに，十分注意して，過失を起こさないようにすることが実験者の心がけとして必要である．

(3) 偶然誤差

実験目的に応じて十分な計器，理論，方法等を採用し，熟練した測定者が注意して実験を行い，上記の系統的誤差ならびに過失誤差を排除した上でも，同一量を繰り返して測定すると，やはり測定値には毎回ある程度のばらつきが起こる場合がある．このばらつきの大きさは一般に，用いた計器で判断し得る最小値よりはるかに大きい．

このようなばらつきは，測定者の支配し得ない環境，条件などの微細な変化によって偶然的に起こる原因不明な誤差に基づくもので，本質的に避けられないものである．これを偶然誤差という．この誤差のために真の値は求め得ないことになる．しかし，この誤差がある統計法則に従って起こることが知られている場合には，誤差の大きさを見積ることができる．この様な誤差に対する理論を誤差論といい第 III 部 1 に後述する (128 ページ)．

[注意 1] 誤差論においては単に誤差といえば偶然誤差のみをさす．偶然誤差以外の誤差は除去可能であり，誤差として取り扱わない．

[注意 2] 誤差の厳密な定義は

(誤差)=(測定値)−(真の値)

であるが，習慣上「誤差」という用語は次のようにいろいろな意味に使用されることが多いので注意が必要である．

① 上記の厳密な定義による誤差．
② 測定値と平均値との差．
③ 測定値と公値との差．
④ 測定値と期待値・希望値との差．
⑤ 計器と標準計器との目盛の差 (器差)．
⑥ 製品のばらつき (加工精度)．

⑦ その他.

3 測定精度

測定の精密の程度を精度という．精度は誤差の大小で表すこともできるが，それだけでは不十分な場合がある．例えば鉛筆の長さほどのものを 1 cm の誤差で測ったとすれば，これは精度の低い測定であるが，1 km 程度の二点間の距離を 1 cm の誤差で測ったとすればそれは極めて精度の高い測定である．このように測定の精度は単に誤差の絶対値だけでなく，測る量の大きさにも関係する．この意味で測定値の精度を表すには一般に相対誤差が用いられる事が多い.

精度を表すものとして次のものがある.

(1) 絶対精度

誤差の大きさそのものを表す．例えば，前例の「読み取り値 12.3 mm」では精度 ±0.1 mm 以下となる.

(2) 相対精度

誤差の数値と測定値の比で表す．上の例では $0.1/12.3 = 0.008$ ($\approx 1/100$) 以下となる.

(3) パーセント精度

上と同じ相対精度であり，100 を掛けてパーセントで表すものである．上の例では $(0.1/12.3)\times 100=0.8$ % 以下となる.

(4) 有効数字

これも相対誤差の一種であり，有効数字の桁数だけで大ざっぱに精度を表すことができる．上の例なら精度は有効数字 3 桁となる.

[注意] 読み取り値が 12.3 と 12.30 とは数字の上では同じであるが，物理量としての意味が違う．前者は精度約 1 %，後者は約 0.1 % で後者のほうが精度が 1 桁高い.

[問題]

1. 次の測定値の精度を% で表せ.

① 物指しで測った物体の長さ (最後の桁は目分量)

13.5 cm　　答　0.7 %

1875.3 mm　　0.005 %

② 四捨五入して得られた数値

1234 km　　答　0.04 %

23.0 g　　0.2 %

③ 誤差が明示されている数値

124.0±0.1 cm　　答　0.08 %

82.35±0.03 mm　　0.04 %

27.002±0.005 MHz　　0.02 %

④ g=980.02 cm/s^2 (g=979.76 cm/s^2 とくらべて)　　答　0.027 %

2. 有効数字 4 桁の測定値の中で，そのパーセント精度の最高，最低の測定値はそれぞれいくらか．また，それらのパーセント精度はそれぞれいくらか．

答　9999 (0.01 %)，1000 (0.1 %)

3. 有効数字 4 桁の π の近似値はいくらか．また，そのパーセント精度はいくらか．

答　3.142 (0.01 %)

5 データ処理法

ここでは測定値から実験結果や確率誤差を求める方法を述べる．より詳しくは付録の誤差論 (第 III 部 1) を参照のこと．

1 データの吟味

最初に，測定値に測定まちがいや記録の誤りがないか調べ，過失誤差を除く．次に器差等の系統的誤差があれば，その補正を行う．このようにして測定値に含まれる誤差は偶然誤差だけにしておく．これらの吟味を行わず，以下の方法でデータを形式的に処理しても意味がない．

ここでは偶然誤差はガウス分布 (第 III 部 1　誤差論参照) をするものとする．

2 直接測定値の求め方

同じ量 x を同じ条件で n 回測定し，測定値として x_1, x_2, $\cdots$, x_n を得たとする．

(1) 最も確からしい値 (最確値) の求め方

1. 算術的平均 $\bar{x}$

$$\bar{x} = \frac{x_1 + x_2 + \cdots + x_n}{n}$$

2. 特に注意すべき場合の平均値の求め方

例えば振り子の振動の時刻からその周期を求めようとして，次の測定値を得たとする．

振動回数	測定時刻	差
0	x_0	
		$x_1 - x_0$
1	x_1	
		$x_2 - x_1$
2	x_2	
		$x_3 - x_2$
3	x_3	
		$x_4 - x_3$
4	x_4	
		$x_5 - x_4$
5	x_5	
		$x_6 - x_5$
6	x_6	
		$x_7 - x_6$
7	x_7	
		$x_8 - x_7$
8	x_8	
		$x_9 - x_8$
9	x_9	

このとき，1 振動に要した時間は $x_{i+1} - x_i$ である．そこで漫然と $x_1 - x_0, x_2 - x_1, \cdots, x_9 - x_8$ の平均値を求めると平均の周期

$$\begin{aligned}\bar{x} &= \frac{1}{9}[(x_1 - x_0) + (x_2 - x_1) \cdots + (x_8 - x_7) + (x_9 - x_8)] \\ &= \frac{1}{9}(x_9 - x_0)\end{aligned}$$

となって最初と最後の測定値以外は全く利用されないことになる．このような場合は次のように実測値を A，B の 2 組に分け，両者の差を作ってこれを平均すれば全ての実測値を利用できる．

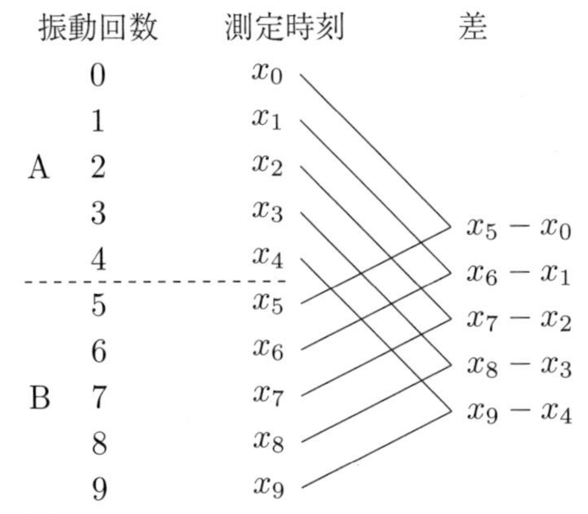

5 振動の周期の平均

$$\overline{5x} = \frac{1}{5}[(x_5 - x_0) + (x_6 - x_1) + (x_7 - x_2) + (x_8 - x_3) + (x_9 - x_4)]$$

1 振動の周期の平均

$$\bar{x} = \frac{1}{25}[(x_5 - x_0) + (x_6 - x_1) + (x_7 - x_2) + (x_8 - x_3) + (x_9 - x_4)]$$

この平均値の求め方は，重力加速度，ヤング率等の実験で応用される．

[**参考**] この様なデータ処理を行うと，実際には 9 回の振動を測定しただけであるが，5 回 ×5 = 25 回の振動を測定したことに相当する結果が得られる．

(2) 測定値の平均値の確率誤差 r_a

n 回の測定で得られた各々の測定値を x_i その平均値を $\bar{x}$ とすると，確率誤差 r_a は

ムナシイ

$$r_a = 0.6745\sqrt{\frac{\sum_{i=1}^{n}\Delta_i^2}{n(n-1)}} \qquad (\Delta_i = x_i - \bar{x})$$

で与えられる (136 ページ 6 式 (27) 参照)．

例えば上記 (1)–2 で求めた平均値については $n = 5$，Δ_i として $\dfrac{x_5 - x_0}{5} - \bar{x}$，$\dfrac{x_6 - x_1}{5} - \bar{x}$，…，$\dfrac{x_9 - x_4}{5} - \bar{x}$ を用いるとよい．確率誤差 r_a は $\bar{x}$ の信頼度の目安である．従って測定結果 x については

$$x = \bar{x} \pm r_a$$

と表記する．

計算例

測定結果を求めるには，次のような表を作ると便利である．

長さの測定を 9 回行った場合

測定回数	長さ x_i [mm]	$\Delta_i = x_i - \bar{x}$ [mm]		Δ_i^2 [mm^2]
		+	−	
1	12.32	0.0056		31 $\times 10^{-6}$
2	12.32	0.0056		31
3	12.33	0.0156		243
4	12.29		0.0244	595
5	12.33	0.0156		243
6	12.31		0.0044	19
7	12.30		0.0144	207
8	12.31		0.0044	19
9	12.32	0.0056		31
和	110.83	+0.0480	−0.0476	1419 $\times 10^{-6}$

[注意] Δ_i の + の欄と − の欄の和の数値がほぼ一致することを確かめることにより，計算間違いがないことをチェックできる．

$$\bar{x} = 12.31444 = 12.3144\,\mathrm{mm}$$

[注意] 最終的な平均値の有効数字は確率誤差が求まった後に決まる．ここでは，各測定値 x_i の有効数字より 2 桁程度多くとっておくとよい．

$$n(n-1) = 72$$

$$\sum_{i=1}^{10} \Delta_i^2 = 1419 \times 10^{-6}\,\mathrm{mm}^2$$

$$\sqrt{\frac{\sum \Delta_i^2}{n(n-1)}} = \sqrt{\frac{1419 \times 10^{-6}}{72}} = \sqrt{19.71 \times 10^{-6}} = 4.44 \times 10^{-3}\,\mathrm{mm}$$

$$r_a = 0.6745 \times 4.44 \times 10^{-3} = \overset{3}{2.9} \times 10^{-3}\,\mathrm{mm}$$

これから測定値は

$$12.314 \pm 0.003\,\mathrm{mm}$$

となる．

[注意] 確率誤差の有効数字は，通常 1 桁目の値が 2 以上のときは 1 桁，1 の場合には 1 ～ 2 桁とる．平均値の有効数字の最後の桁は確率誤差の最後の桁に合わせる．両数値とも必要な桁数より 1 桁余分に算出し，最終桁を四捨五入した数値を用いる．

[問題] 次の測定値の最確値と確率誤差を求めよ．(上の例と同様の表を作って計算せよ．)

l ：1.001，1.002，1.001，1.000，1.003，1.002，1.000，1.001，1.001 mm

答　$l = 1.0012 \pm 0.0002\,\mathrm{mm}$

3 間接測定値の求め方

直接測定できる物理量 $z_1,\ z_2,\ z_3, \cdots$ から

$$y = f(z_1,\ z_2,\ z_3, \cdots)$$

の関係式を通して得られる物理量 y があったとする．物理量の測定結果がその確率誤差 r_z を用いて

$$z_1 = \bar{z}_1 \pm r_{z_1}$$

$$z_2 = \bar{z}_2 \pm r_{z_2}$$

$$\cdots\cdots\cdots$$

と求まったとする．この時 y の最確値 y_0 は

$$y_0 = f(\bar{z}_1, \bar{z}_2, \bar{z}_3, \cdots)$$

となり y_0 の確率誤差 r_y は

$$r_y = \sqrt{\left(\frac{\partial f}{\partial z_1}\right)^2 r_{z_1}^2 + \left(\frac{\partial f}{\partial z_2}\right)^2 r_{z_2}^2 + \left(\frac{\partial f}{\partial z_3}\right)^2 r_{z_3}^2 + \cdots}$$

となる．y の測定値は

$$y = y_0 \pm r_y$$

と表される．

計算例

[例 1] 加減乗除

① 加法の場合　$f(z_1,\ z_2,\ z_3, \cdots) = z_1 + z_2 + z_3 + \cdots$

$$\begin{aligned} y &= (\bar{z}_1 \pm r_{z_1}) + (\bar{z}_2 \pm r_{z_2}) + \cdots \\ &= (\bar{z}_1 + \bar{z}_2 + \cdots) \pm \sqrt{r_{z_1}^2 + r_{z_2}^2 + \cdots} \end{aligned}$$

② 減法の場合　$f(z_1,\ z_2) = z_1 - z_2$

$$\begin{aligned} y &= (\bar{z}_1 \pm r_{z1}) - (\bar{z}_2 \pm r_{z2}) \\ &= (\bar{z}_1 - \bar{z}_2) \pm \sqrt{r_{z_1}^2 + r_{z_2}^2} \end{aligned}$$

③ 乗法の場合　$f(z_1,\ z_2,\ z_3, \cdots) = z_1 \cdot z_2 \cdot z_3 \cdots$

$$y = (\bar{z}_1 \cdot \bar{z}_2 \cdot \bar{z}_3 \cdots) \pm (\bar{z}_1 \cdot \bar{z}_2 \cdot \bar{z}_3 \cdots) \sqrt{\left(\frac{r_{z_1}}{\bar{z}_1}\right)^2 + \left(\frac{r_{z_2}}{\bar{z}_2}\right)^2 + \cdots}$$

④ 除法の場合　$f(z_1,\ z_2) = \dfrac{z_1}{z_2}$

$$y = \frac{\bar{z}_1 \pm r_{z_1}}{\bar{z}_2 \pm r_{z_2}} = \frac{\bar{z}_1}{\bar{z}_2} \pm \frac{\bar{z}_1}{\bar{z}_2} \sqrt{\left(\frac{r_{z_1}}{\bar{z}_1}\right)^2 + \left(\frac{r_{z_2}}{\bar{z}_2}\right)^2}$$

[例 2] 体積の計算

高さ h，直径 d の直円柱の体積 V は

$$V = \frac{\pi}{4} d^2 h$$

と表せる．いま，V, d, h の確率誤差をそれぞれ r_V, r_d, r_h とおけば

$$\begin{aligned} r_V &= \sqrt{\left(\frac{\partial V}{\partial d}\right)^2 r_d^2 + \left(\frac{\partial V}{\partial h}\right)^2 r_h^2} \\ &= \sqrt{\left(\frac{\pi}{2} dh\right)^2 r_d^2 + \left(\frac{\pi}{4} d^2\right)^2 r_h^2} \\ &= \frac{\pi d^2 h}{4} \sqrt{\left(2 \times \frac{r_d}{d}\right)^2 + \left(\frac{r_h}{h}\right)^2} \end{aligned}$$

例えば，d=15.67±0.03 mm，h=56.24±0.06 mm のとき

$$\begin{aligned} r_V &= \frac{3.1416}{4} \times (15.67)^2 \times (56.24) \times \sqrt{\left(2 \times \frac{0.03}{15.67}\right)^2 + \left(\frac{0.06}{52.24}\right)^2} \\ &= 1.085 \times 10^4 \times \sqrt{16 \times 10^{-6}} \\ &= 4.4 \times 10 \, \mathrm{mm}^3 \end{aligned}$$

となる．従って体積の測定値は

$$\begin{aligned} V &= 1.085 \times 10^4 \pm 4 \times 10 \\ &= (1.085 \pm 0.004) \times 10^4 \, \mathrm{mm}^3 \\ &= (1.085 \pm 0.004) \times 10 \, \mathrm{cm}^3 \\ &= 10.85 \pm 0.04 \, \mathrm{cm}^3 \end{aligned}$$

と表す．

4 実験式の求め方

物理量 y と z_1, z_2, z_3, $\cdots$ の間には，未定係数 a, b, c, $\cdots$ を含んで

$$y = F(z_1, z_2, z_3, \cdots, a, b, c, \cdots)$$

の関係があるものとする．この場合 y, z_1, z_2, z_3, $\cdots$ を直接測定することによって，関数 F の形と未定係数 a, b, c, $\cdots$ の値を求めることができる．このようにして求められた関数式を実験式という．ここでは y が 1 変数 z だけの関数で，なおかつ，z の 1 次式かまたは簡単な変数変換によって，1 次式に変換できる場合の実験式の求め方を述べる．

(1) グラフによる方法

物理量 y を縦軸に，物理量 z を横軸にとりグラフ用紙に実験点をプロットすれば，おおよその関数形がわかる (6 ページ [2] グラフの書き方参照)．とくに方眼紙にプロットしたとき実験点が直線上に乗る場合は関数が 1 次式

$$y = az + b$$

の形をしており，直線の傾きから a の値が，y 切片の大きさから b の値が求まる．

両対数グラフ上での実験点が直線上に乗る場合は関数が

$$y = az^b$$

の形をしている．このとき，

$$\log y = b \log z + \log a$$

の関係があり，直線の勾配から b の値が求まる．

物理量 y を対数軸にとった片対数グラフ上で実験点が直線上に乗る場合は関数が

$$y = a \exp(bz) \qquad (\ \exp(bz) \text{ は } e^{bz} \text{ を意味する}\ )$$

の形をしている．このとき，

$$\log y = (b \log e)z + \log a \qquad (\ \log e = 0.43429 \cdots)$$

の関係があり，直線の勾配から $b \log e$ の値が求まる．

(2) グラフから実験式を求めるときの例

[例 1] 方眼紙上で実験点が直線にのる場合

図 1 の場合は

$$y = az + b$$

の関係がある．a の値を求めるためにグラフ上での $\Delta z, \Delta y$ の長さを物指しで測る．この時，読み取り誤差の影響を小さくするため，$\Delta z, \Delta y$ をできるだけ大きくとる．

Δz の長さ　4.48 cm

Δy の長さ　4.62 cm

であり，またグラフ上で 1 cm の長さが，物理量 y と z に換算して，それぞれ 0.223，106 であったとすると

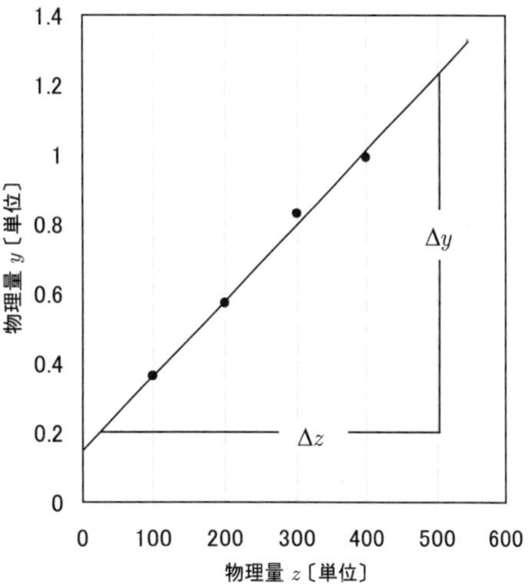

$$\begin{aligned} a &= \frac{\Delta y}{\Delta z} \\ &= \frac{4.62 \times 0.223}{4.48 \times 106} \\ &= 2.17 \times 10^{-3} \,[\text{単位}] \end{aligned}$$

図 1　方眼紙上で実験点が直線にのる場合

また，グラフ上で b に相当する長さが 0.66 cm であったとすると

$$b = 0.66 \times 0.223 = 0.15 \,[\text{単位}]$$

従って実験式は

$$y = 2.17 \times 10^{-3} z + 0.15$$

となる．

[例 2] 両対数グラフ上で実験点が直線にのる場合

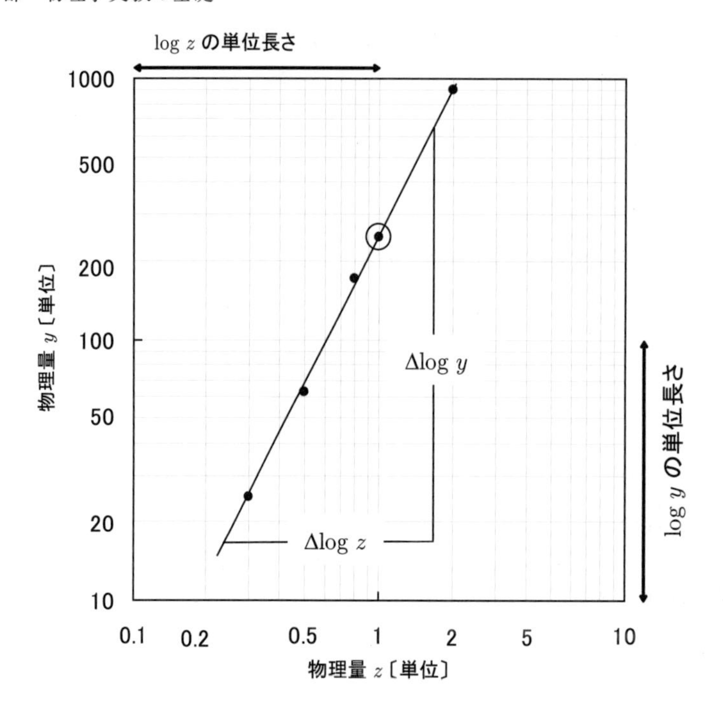

図 2　両対数グラフ上で実験点が直線にのる場合

図 2 の場合は

$$y = az^b$$

あるいは

$$\log y = b \log z + \log a \tag{1}$$

の関係がある．b の値を求めるために，できるだけ大きく $\Delta \log z, \Delta \log y$ をとり，グラフ上でその長さを測る．

$\Delta \log z$ の長さ　2.87 cm

$\Delta \log y$ の長さ　5.60 cm

のとき，グラフ上では $\log y$ と $\log z$ の単位長さが等しいから

$$b = \frac{\Delta \log y}{\Delta \log z} = \frac{5.60}{2.87} = 1.95$$

a の値を求めるためには直線上の任意の点，例えば $\odot$ の値

$$y = 250\,[単位]$$

$$z = 1.00\,[単位]$$

をグラフより読み取り，上式 (1) に代入する．

$$\log a = \log y - b \log z$$
$$= \log 250 - 1.95 \times \log 1.00$$
$$= \log 250$$

$$\therefore \quad a = 250\,[単位]$$

従って実験式は

$$y = 250\ z^{1.95}$$

となる．

[例 3] 片対数グラフ上で実験点が直線にのる場合

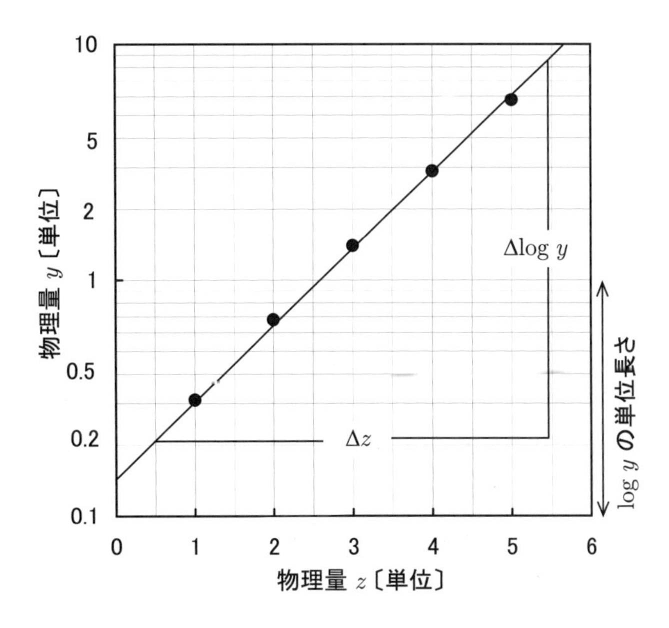

図 3　片対数グラフ上で実験点が直線にのる場合

図 3 の場合は

$$y = a\exp(bz)$$

あるいは

$$\log y = (b\log e)\,z + \log a \tag{2}$$

の関係がある．b の値を求めるために，できるだけ大きく $\Delta z, \Delta\log y$ をとり，グラフ上でその長さを測る．

Δz の長さ	5.65 cm
$\Delta\log y$ の長さ	5.32 cm
z の単位長さ	1.14 cm
$\log y$ の単位長さ	3.33 cm

のとき，グラフ上で 1 cm の長さが物理量 $\Delta\log y$ と Δz のいくらに相当するかを考慮して

$$\begin{aligned} b\log e &= \frac{\Delta\log y}{\Delta z} \\ &= \frac{5.32/3.33}{5.65/1.14} \\ &= 0.322 \end{aligned}$$

$$\therefore \quad b = \frac{0.322}{0.434} = 0.742\,[\text{単位}]$$

a の値を求めるためには直線上の任意の点の値を用いればよい．今の場合は y 切片つまり

$$z = 0.00\,[\text{単位}]$$

$$y = 0.152\,[\text{単位}]$$

を用いると都合がよい．この値を上式 (2) に代入すると，

$$\log 0.152 = 0.00 + \log a$$

$$\therefore \ a = 0.152\,[\text{単位}]$$

従って実験式は

$$y = 0.152\ \exp(0.742\ z)$$

となる．

(3) 最小二乗法

グラフによるデータ処理法は二つの物理量の間に成り立つ関係を調べたり，物理量の変化に対する他の物理量の変化の傾向を調べるのに大変便利である．また，実験式を求めるのも比較的簡単に求まるが，精度の点でやや劣る．

最小二乗法を用いて数値計算をすれば未定係数 a, b の値が精度よく求まるだけでなく，それらの確率誤差も求めることができる (142 ページ 9 参照)．ここでは y と z が

$$y = az + b \tag{3}$$

の関係にあるとき a と b の最確値およびその確率誤差を求める方法を述べる．

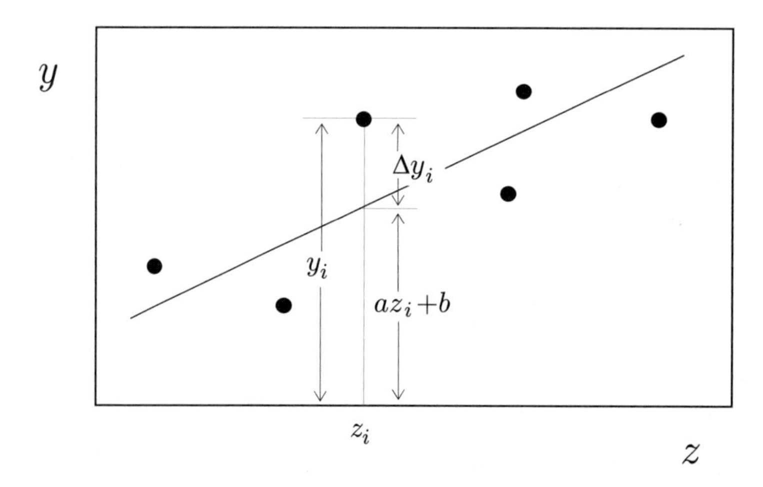

図 4　最小二乗法の説明

物理量 z の値を次々と変化させて，y と z の値を測定する．その結果 n 組の測定値 $(y_1,\ z_1)$, $(y_2,\ z_2)$, …, $(y_n,\ z_n)$ を得たとする ($n \geqq 2$ とする)．このとき図 4 にあるように $y = az + b$

の直線からのずれを Δy_i とすれば

$$\Delta y_i = y_i - (az_i + b) \qquad (i = 1,\ 2,\ 3, \cdots n) \tag{4}$$

である．この各々のずれ Δy_i を二乗して加えたもの

$$\begin{aligned}(\Delta y_1)^2 + (\Delta y_2)^2 + \cdots + (\Delta y_n)^2 &= \sum_{i=1}^{n}[y_i - (az_i + b)]^2 \\ &\equiv S(a,b)\end{aligned} \tag{5}$$

を考え，この $S(a,b)$ が最小になるように a, b を定める方法を最小二乗法という．$S(a,b)$ が最小 (正確には極小) になるための条件は $\dfrac{\partial S}{\partial a} = 0,\ \dfrac{\partial S}{\partial b} = 0$ であるが

$$\begin{aligned}\frac{\partial S}{\partial a} &= -2\sum z_i(y_i - az_i - b) \\ &= 2a\left(\sum z_i^2\right) + 2b\left(\sum z_i\right) - 2\sum z_i y_i = 0\end{aligned} \tag{6}$$

$$\begin{aligned}\frac{\partial S}{\partial b} &= -2\sum (y_i - az_i - b) \\ &= 2a\left(\sum z_i\right) + 2nb - 2\sum y_i = 0\end{aligned} \tag{7}$$

より，連立方程式

$$\left(\sum z_i^2\right)a + \left(\sum z_i\right)b = \sum y_i z_i \tag{8}$$

$$\left(\sum z_i\right)a + nb = \sum y_i \tag{9}$$

を得る．これより a および b の最確値は

$$a = \frac{n\sum y_i z_i - (\sum y_i)(\sum z_i)}{n\sum z_i^2 - (\sum z_i)^2} \tag{10}$$

$$b = \frac{(\sum z_i^2)(\sum y_i) - (\sum z_i)(\sum y_i z_i)}{n\sum z_i^2 - (\sum z_i)^2} \tag{11}$$

となる．

また，a および b の確率誤差 r_a，r_b は

$$r_a = r_y\sqrt{w_a} \tag{12}$$

$$r_b = r_y\sqrt{w_b} \tag{13}$$

と表される．ここで r_y は

$$r_y = 0.6745\sqrt{\frac{\sum(\Delta y_i)^2}{n-2}} \tag{14}$$

で定義される．また

$$\begin{aligned}\sum(\Delta y_i)^2 &= \sum(y_i - az_i - b)^2 \\ &= \sum y_i^2 + a^2\sum z_i^2 + nb^2 - 2a\sum y_i z_i - 2b\sum y_i + 2ab\sum z_i\end{aligned} \tag{15}$$

$$w_a = \frac{n}{n\sum z_i^2 - (\sum z_i)^2} \tag{16}$$

$$w_b = \frac{\sum z_i^2}{n\sum z_i^2 - (\sum z_i)^2} \tag{17}$$

と与えられる．ただし，a, b は最確値として求めた値を用いる．

物理量 y と z の関係が

$$y = az^b \tag{18}$$

や

$$y = a\exp(bz) \tag{19}$$

の場合にも，式を変形すれば

$$式 (18) の場合 \quad \log y = b\log z + \log a \tag{20}$$

$$式 (19) の場合 \quad \log y = (b\log e)z + \log a \tag{21}$$

となる．ここで $Y \equiv \log y, A \equiv b, Z \equiv \log z, B \equiv \log a$ (式 (18) の場合) または $Y \equiv \log y, A \equiv b\log e, Z \equiv z, B \equiv \log a$ (式 (19) の場合) とおけば 1 次式になる．
従って

$$Y = AZ + B \tag{22}$$

に読み変えれば上記の方法がそのまま適応できる．

[例] 最小二乗法の適用例

金属線の電気抵抗値 R の温度 t に対する変化を測定し，次の値を得た．

温度 t_i [°C]	抵抗値 R_i [Ω]	t_i^2 [°C^2]	R_i^2 [Ω^2]	R_it_i [Ω °C]
30.0	57.82	900	3343.15	1734.6
50.0	62.31	2500	3882.54	3115.5
70.0	66.87	4900	4471.60	4680.9
90.0	71.55	8100	5119.40	6439.5
$\sum t_i$=240.0	$\sum R_i$=258.55	$\sum t_i^2$=16400	$\sum R_i^2$=16816.69	$\sum R_it_i$=15970.5

R_i と t_i をグラフにプロットすることにより，R と t の間には a, b を定数として

$$R = at + b$$

の関係があることがわかる．

① a, b の最確値

最小二乗法を適用することにより a, b の最確値は

$$\begin{aligned} a &= \frac{4\sum R_it_i - \sum R_i \sum t_i}{4\sum t_i^2 - (\sum t_i)^2} \qquad (n=4) \\ &= \frac{4 \times 15970.5 - 258.55 \times 240.0}{4 \times 16400 - (240.0)^2} \\ &= 0.22875\,\Omega/°\mathrm{C} \end{aligned}$$

$$\begin{aligned} b &= \frac{\sum t_i^2 \sum R_i - \sum t_i \sum R_it_i}{4\sum t_i^2 - (\sum t_i)^2} \\ &= \frac{16400 \times 258.55 - 240.0 \times 15970.5}{4 \times 16400 - (240.0)^2} \\ &= 50.913\,\Omega \end{aligned}$$

となる．

② a, b の確率誤差

a, b の確率誤差 r_a, r_b は以下のようにして求める.

$$\begin{aligned}\sum(\Delta R_i)^2 &= \sum R_i^2 + a^2\sum t_i^2 + 4b^2 - 2a\sum R_i t_i - 2b\sum R_i + 2ab\sum t_i \\ &= 16816.69 + (0.22875)^2 \times 16400 + 4 \times (50.913)^2 \\ &\quad - 2 \times 0.22875 \times 15970.5 - 2 \times 50.913 \times 258.55 \\ &\quad + 2 \times 0.22875 \times 50.913 \times 240.0 \\ &= 0.01\,\Omega^2\end{aligned}$$

故に

$$\begin{aligned}r_R &= 0.6745\sqrt{\frac{0.01}{4-2}} \\ &= 0.05\,\Omega \\ w_a &= \frac{4}{4\sum t_i^2 - (\sum t_i)^2} \\ &= \frac{4}{4 \times 16400 - (240.0)^2} \\ &= 5.00 \times 10^{-4}\,/{}^\circ\mathrm{C}^2 \\ w_b &= \frac{\sum t_i^2}{4\sum t_i^2 - (\sum t_i)^2} \\ &= \frac{16400}{4 \times 16400 - (240.0)^2} \\ &= 2.05\end{aligned}$$

よって

$$\begin{aligned}r_a &= r_R\sqrt{w_a} \\ &= 0.05\sqrt{5.00 \times 10^{-4}} \\ &= 0.0011\,\Omega/{}^\circ\mathrm{C} \\ r_b &= r_R\sqrt{w_b} \\ &= 0.05\sqrt{2.05} \\ &= 0.07\,\Omega\end{aligned}$$

従って実験式は

$$R = (0.229 \pm 0.001)t + (50.91 \pm 0.07)\ [\Omega]$$

となる.

第 II 部

物理学実験項目

1 基礎実験I (湿度の測定)

学習目標: 不快指数や洗濯物の乾きなどに直接関係する物理量である湿度の測定を通じて，誤差の意味など物理実験の基本的なことがらを学ぶ.

1 目的

乾湿球湿度計により相対湿度を測定する.

2 理論

湿度とは空気中に含まれる水蒸気の量のことをいい，相対湿度・絶対湿度・水蒸気圧・比湿・混合比など，いろいろな表し方がある．絶対湿度は $1\,\mathrm{m}^3$ の空気中の水蒸気量をグラム単位で表した量をいう．気象でよく使われるのは相対湿度である．相対湿度は，空気中の水蒸気圧と飽和水蒸気圧の比をパーセントで表した量として定義されている．相対湿度を H，水蒸気圧を f，飽和水蒸気圧を f_0 とすれば，

$$H = \frac{f}{f_0} \times 100\,\% \qquad (1)$$

で表される.

特性のそろった2本の温度計を互いに近い場所にセットし，片方の温度計の球部表面を絶えず湿らせておく．この2本の温度計の組を乾湿球湿度計といい，乾いた方の温度計を乾球温度計，湿らせた方を湿球温度計という．これらの温度計の示度により式(1)の f 及び f_0 の値が決まるが，f の値の正確な決定にはその時の大気圧(現地気圧)の値が必要である.

飽和水蒸気圧は温度が与えられると決まってしまい，これらの関係を表にしたものを飽和水蒸気圧表という(159ページ表9.1, 9.2)．いま，乾球温度計の示度を $t\,[^\circ\mathrm{C}]$ とし湿球温度計の示度を $t'\,[^\circ\mathrm{C}]$ とする．この時の空気の飽和水蒸気圧 $f_0\,[\mathrm{mmHg}]$ は，飽和水蒸気圧表の $t\,[^\circ\mathrm{C}]$ の値を調べれば求まる．また，この時の空気の水蒸気圧 $f\,[\mathrm{mmHg}]$ は，現地気圧を $p\,[\mathrm{mmHg}]$ とし，$t'\,[^\circ\mathrm{C}]$ における飽和水蒸気圧を $f'\,[\mathrm{mmHg}]$(これも表9.1, 9.2から求める)とすれば次の式で求めることができる.

$$f = f' - 0.000800 \cdot p \cdot (t - t') \qquad (2)$$

正確な相対湿度は，こうして求めた f 及び f_0 を式(1)に代入して求める．しかし，特別な高所や特別な気象条件下でない限り，気圧によって式(2)の計算値が大きく変わることはない．通常，乾湿球湿度計には，現地気圧が1気圧と仮定して計算した湿度の表が付属していて，乾湿球の示度を与えれば大体の湿度はわかるようになっている.

3 装置

乾湿球湿度計(図1)，気圧計

図1の温度計A，Bは同じ特性の温度計であって，Bの球部は薄いガーゼにつつまれている．ガーゼの下端は，細長く延長されて，水を入れた小さな容器Cに浸してある.

4 方法

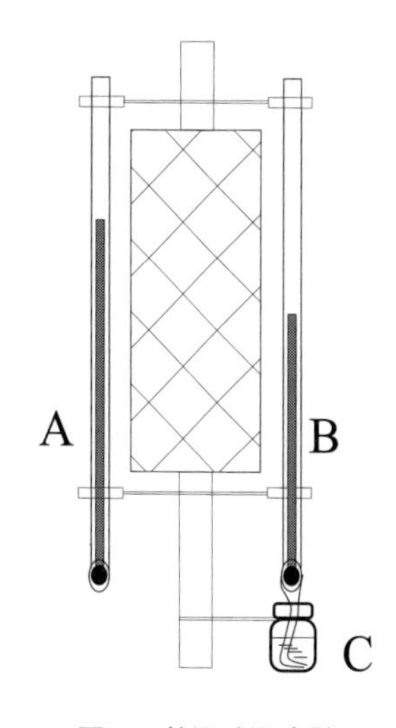

図 1　乾湿球湿度計

(1) 乾球温度計 A と湿球温度計 B を小数点以下 1 桁の温度まで読み記録する．容器 C の水が蒸発してしまっているときは申し出ること．

測定例 1　温度計の読み

乾球	$t = 24.8\,°\mathrm{C}$
湿球	$t' = 20.3\,°\mathrm{C}$
	$t - t' = 4.5\,°\mathrm{C}$

(2) 気圧計の値を小数点 1 桁まで読み記録する．

測定例 2　現地気圧

$$p = 757.0\,\mathrm{mmHg}$$

(3) 飽和水蒸気圧を計算する．巻末の表 9.1,9.2 の飽和水蒸気圧表により，乾球の温度 t [°C] と湿球の温度 t' [°C] に対する飽和水蒸気圧 f_0 [mmHg] と f' [mmHg] を求める．表は 1 °C 間隔で表されているから，小数点以下 1 桁の温度分に対しては内挿法を適用する．

計算例 1　飽和水蒸気圧の計算

乾球の温度 t [°C] に対する飽和水蒸気圧

$$\begin{aligned} f_0 &= 23.76 + (23.76 - 22.38) \times \frac{24.8 - 25.0}{25.0 - 24.0} \\ &= 23.76 - 1.38 \times \frac{0.2}{1.0} \\ &= 23.76 - 0.\overset{3}{\cancel{2}}\cancel{7} \\ &= 23.\overset{5}{\cancel{4}}\cancel{6} \\ &= 23.5\,\mathrm{mmHg} \end{aligned}$$

湿球の温度 t' [°C] に対する飽和水蒸気圧

$$\begin{aligned} f' &= 17.53 + (18.65 - 17.53) \times \frac{20.3 - 20.0}{21.0 - 20.0} \\ &= 17.53 + 1.12 \times \frac{0.3}{1.0} \\ &= 17.53 + 0.3\cancel{3}\cancel{6} \\ &= 17.8\cancel{3} \\ &= 17.8\,\mathrm{mmHg} \end{aligned}$$

(4) 水蒸気圧と相対湿度の計算を行う．現地気圧 p [mmHg] は方法 (2) で測定した値を用いる．式 (1) により相対湿度を求める．

計算例 2　水蒸気圧と相対湿度の計算

$$
\begin{aligned}
\text{水蒸気圧}\quad f &= f' - 0.000800 \cdot p \cdot (t - t') \\
&= 17.8 - 0.000800 \times 757.0 \times 4.5 \\
&= 17.8 - 2.7\cancel{2} \\
&= 15.1\,\mathrm{mmHg} \\
\text{相対湿度}\quad H &= \frac{f}{f_0} \times 100\% \\
&= \frac{15.1}{23.5} \times 100\% \\
&= 64.\overset{3}{\cancel{2}}\cancel{5}\% \\
&= 64.3\,\%
\end{aligned}
$$

(5) 160 ページ表 10，又は湿度計に付いている湿度表から湿度を求める．この場合は t，$t-t'$ ともに小数点以下を四捨五入した値を用いて求めればよい．

結果例

相対湿度	$H = 64.3\,\%$
湿度表から求めた湿度	$H = 63\,\%$

検討　絶対誤差と相対誤差の評価

湿度の測定値と湿度表から求めた値の絶対誤差を求めよ．

[備考] 内挿法

変数 x の関数 $f(x)$ が変数 y を与える時，$y = f(x)$ の全体は未知であるが，x_1 と $x_2 (> x_1)$ に関する $y_1 = f(x_1)$ と $y_2 = f(x_2)$ がわかっている場合，x_1 と x_2 の間にある任意の x に関する $y = f(x)$ の値を近似的に求める方法を内挿法 (または補間法) という．以下では，$f(x)$ は直線的とする．x_1 と x_2 の間の傾き a は以下で与えられる．

$$a = \frac{y_2 - y_1}{x_2 - x_1}$$

(1) $x - x_1 < x_2 - x$ の場合

x_1 から補正することで，より正確な y が得られる．したがって，x に対する y の近似値は以下で与えられる．

$$\begin{aligned} y &= y_1 + \frac{y_2 - y_1}{x_2 - x_1}(x - x_1) \\ &= y_1 + (y_2 - y_1)\frac{x - x_1}{x_2 - x_1} \end{aligned}$$

(2) $x_2 - x < x - x_1$ の場合

x_2 から補正することで，より正確な y が得られる．したがって，x に対する y の近似値は以下で与えられる．

$$\begin{aligned} y &= y_2 + \frac{y_2 - y_1}{x_2 - x_1}(x - x_2) \\ &= y_2 + (y_2 - y_1)\frac{x - x_2}{x_2 - x_1} \end{aligned}$$

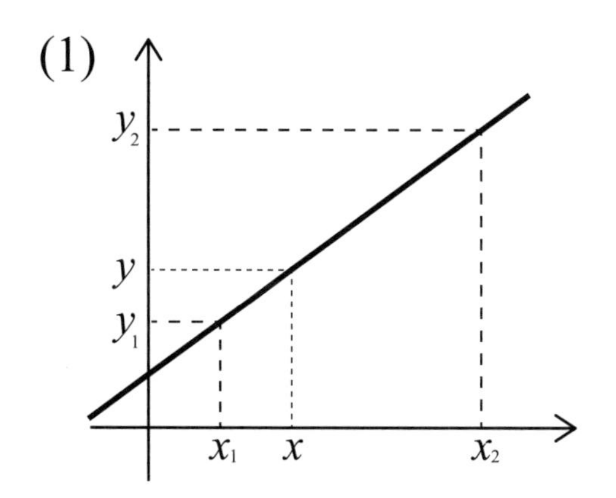

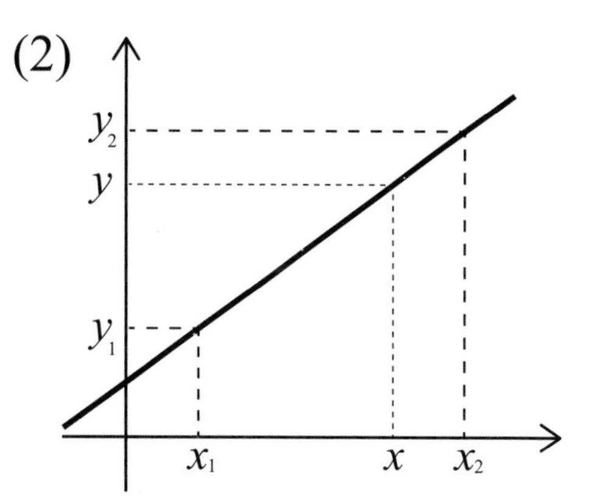

図 2　内挿法

2　基礎実験II
(マイクロメータによる針金の直径の測定)

学習目標: 長さは基本的な物理量の一つであり，それを正確に測るのは意外と難しい．ここでは測定に対する誤差の求め方などを学ぶ．

1 目的

マイクロメータ (micrometer) を使って針金の直径を測定する．そのデータを用いて直径 (平均値) の確率誤差を求め，有効数字を決定する．

2 理論

物の長さを物指しで測定できるのはせいぜい 0.1 mm の程度までで，それより下の桁は，目盛が正確につけてあっても読み取りが困難になる．マイクロメータにはねじの性質が巧みに利用されていて，0.1 mm 以下の長さも正確に読めるように工夫されている．

雄ねじが雌ねじの中で 1 回転したときに進む距離 d をねじの歩み (pitch) という．雄ねじを回転させて，ねじの先端を物体の先端から末端まで進ませれば，その物体の長さは ねじの回転数 $\times$ pitch として求めることができる．ここで，雄ねじの回転周囲に n 等分目盛をつけておけば，1 pitch の距離が目盛 1 周分の距離に拡大されたことになる．実験で使うマイクロメータは，1 pitch が 0.5 mm，回転周囲の目盛数が 50 だから，1 目盛は 0.01 mm ということになる．回転周囲 1 目盛の 1/10 の 位(くらい) を目分量で読めば 1/1000 mm $= 1\,\mu$m まで測定できる．

3 装置

マイクロメータ (図 1)，試料：針金

図 1 において，CD の内部に雌ねじが切ってあり (A，C，D は一体である)，これと心棒 BFG に刻んだ雄ねじ (pitch $d = 0.5$ mm) がかみあっている．

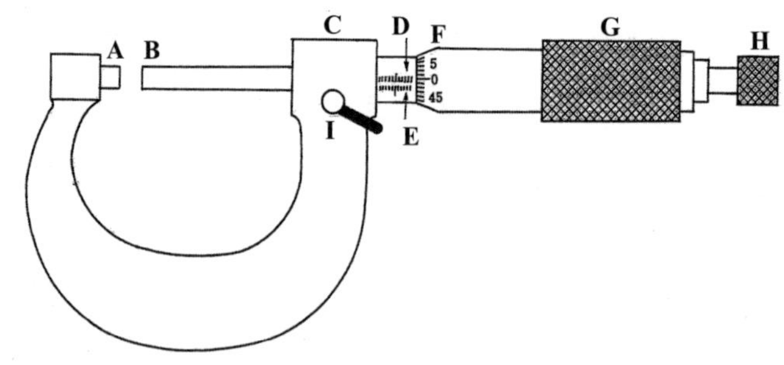

図 1　マイクロメータ

D：　mm 単位の目盛尺．G を 2 回転すると 1 目盛進む．

E：　D と 0.5 mm ずらして刻んだ mm 目盛．D の補助目盛．

F：　一周を 50 等分した目盛．1 pitch の値 d が 0.5 mm だから，F の 1 目盛は 0.01 mm に対応する (0.5 mm×1/50=0.01 mm)．普通は A，B の両端面が密着したとき，D の目盛の零とFの目盛の零とがおおよそ一致するように調整してある.

H：　微動調整. AB 間に測定すべき物体を入れ，それにBを押しつけるときにHを回す. そうするとBは前進し AB 間の圧力は増加するが，この圧力が一定の値に達するとBの前進は止まりHは空回りする. この機構により小さな一定の圧力のもとに測定を行うことができる.

I：　クランプ. Gの回転を防止するときにハンドルを左側に回す.

4 方法

(1) 針金の直径の読みを求める練習をする. Gを回してA，Bの間を開き，そこに針金を入れる. まずGを回してA，B間を狭めて針金に近づける. 充分接近したらHを静かに回わす. 回し続けてA，Bが針金を挟むようになるとHは空回りし始める. クランプIを左側に回し込み，Gの回転を防止する. これから値を読むのであるが，図2に示すように，目盛Dは1 mm 単位の目盛であり，目盛Fの縁に最も近い目盛を読む. EはDの補助目盛であり 0.5 mm の位置を表す. 目盛Fは 0.01 mm を単位にして目盛ってあり，D尺の直線がFの縁に接するところで読む. Fの1目盛以下の値を目分量で読めば 0.001 mm の位の値を得る.

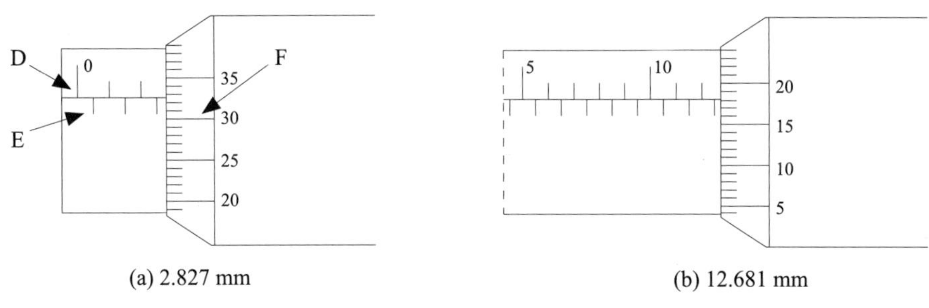

(a) 2.827 mm　　(b) 12.681 mm

図2　マイクロメータの読み取り例

図 2(a) の場合を例にして読めば，Fの縁にいちばん近いDの目盛は 2，縁は補助目盛Eの 0.5 mm の目印の右にきているから 0.5 を加えて 2.5 mm を得る. D尺の直線がFに接するのは 32 の上であり，目分量を 7 と読めば 327 の位置である. この数値は 0.001 mm を単位としているから読みは 0.327 mm を得る. 結果として直径の読みは $2.500 + 0.327 = 2.827$ mm となる. 読み終わったらクランプIは元通り (右) に戻しておく. 値を得たら，針金の直径を大ざっぱに目測して，目盛の読みに極端な誤りがないことを確認しておく.

(2) 零点の読み方を練習する. A，B 間に何もはさまずにHを静かに回してA，Bを密着させ，方法 (1) の要領で値を読む. この値の絶対値は 0.01 mm 以下の小さな数値になっているはずである. これを零点の読みという.

[注] 零点の読みは 0.000 mm であるのが理想であり，そうなるように調整することもできる. しかし，一度調整しても経年変化などによりずれてくるので，精密な測定をするときには零点を求めておいて補正すると間違いがない.

(3) データを記入する表を作成する. 測定例を参考にすること.

(4) 針金の直径を測定する．図3に示すように，針金の6カ所において互いに直角な方向に一組ずつ，零点・直径の読みを求め，表に記録する．

測定例　針金の直径の測定

試料　針金　No.3

使用したマイクロメータの番号　No.3255473

測定位置	測定回数	零点の読み z_i [mm]	直径の読み d_i [mm]
I	1	+0.003	0.988
	2	0.004	0.988
II	3	0.004	0.989
	4	0.004	0.990
III	5	0.004	0.996
	6	0.004	0.989
IV	7	0.004	0.988
	8	0.004	0.990
V	9	0.005	0.995
	10	0.005	0.988
VI	11	0.004	0.987
	12	0.005	0.994

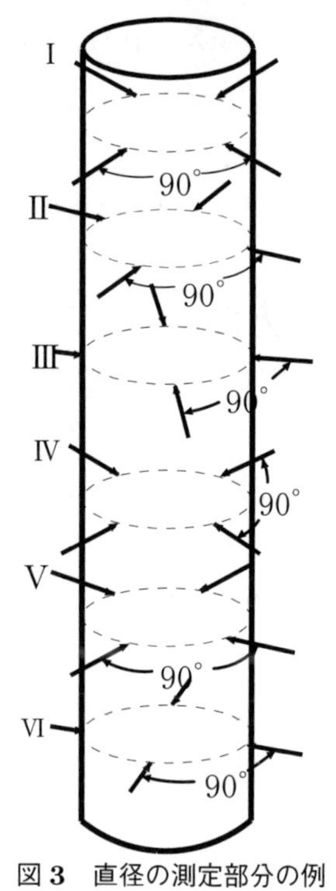

図3　直径の測定部分の例

(5) 各データのばらつきがガウス分布になると仮定して，直径の平均値の確率誤差を計算する．計算例を参考にする．

計算例1　零点の読みの算術平均値 $\bar{z}$ 及び確率誤差 r_z の計算

測定回数	零点の読み z_i [mm]	$\Delta_i = z_i - \bar{z}$ [mm] +	$\Delta_i = z_i - \bar{z}$ [mm] −	Δ_i^2 [mm^2]
1	+0.003		0.00117	137 $\times 10^{-8}$
2	0.004		0.00017	3
3	0.004		0.00017	3
4	0.004		0.00017	3
5	0.004		0.00017	3
6	0.004		0.00017	3
7	0.004		0.00017	3
8	0.004		0.00017	3
9	0.005	0.00083		69
10	0.005	0.00083		69
11	0.004		0.00017	3
12	0.005	0.00083		69
和	0.050	+0.00249	−0.00253	368 $\times 10^{-8}$

[注] Δ_i の + 欄の和と − 欄の和の数値がほぼ一致することを確かめ，計算間違いがないことをチェックする．

零点の読みの算術平均値 $\bar{z}$ は

$$\bar{z} = \frac{1}{12}\sum_{i=1}^{12} z_i = \frac{0.050}{12}$$

$$= 0.004166 = 0.00417\,\mathrm{mm} \quad \text{注 1}$$

零点の読みの確率誤差 r_z は

$$r_z = 0.6745\sqrt{\frac{\sum_{i=1}^{n}\Delta_i^2}{n(n-1)}}$$

$$= 0.6745\sqrt{\frac{368\times10^{-8}}{12\times11}}$$

$$= 1.1\times10^{-4} \quad \text{注 2}$$

$$= 0.0001\,\mathrm{mm}$$

故に零点の読みの測定値 z は

$$z = \bar{z} \pm r_z = 0.\underbrace{0042}_{\text{注 4}} \pm 0.\underbrace{0001}_{\text{注 3}}\,\mathrm{mm}$$

[注 1] 平均値の有効数字は，確率誤差が求まった後に最終的に決まる．ここでは各測定値の有効数字より 2 桁程度多くとっておくとよい．

[注 2] 確率誤差の有効数字は，2 桁目を四捨五入して 1 桁とし，

[注 3] この数値の位を調べる．この場合，小数点以下第 4 位．

[注 4] 平均値は，最下位が [注 3] で数えた位になるよう表記する．この場合，小数点以下第 5 位を四捨五入した数値を表記することになる．

計算例 2　直径の読みの算術平均値 $\bar{d}$ 及び確率誤差 r_d の計算

測定回数	直径の読み d_i [mm]	$\Delta_i = d_i - \bar{d}$ [mm] +	$\Delta_i = d_i - \bar{d}$ [mm] −	Δ_i^2 [mm^2]
1	0.988		0.00217	471 $\times10^{-8}$
2	0.988		0.00217	471
3	0.989		0.00117	137
4	0.990		0.00017	3
5	0.996	0.00583		3399
6	0.989		0.00117	137
7	0.988		0.00217	471
8	0.990		0.00017	3
9	0.995	0.00483		2333
10	0.988		0.00217	471
11	0.987		0.00317	1005
12	0.994	0.00383		1467
和	11.882	+0.01449	−0.01453	10368 $\times10^{-8}$

直径の読みの算術平均値 $\bar{d}$ は

$$\bar{d} = \frac{1}{12}\sum_{i=1}^{12} d_i = \frac{11.882}{12}$$

$$= 0.990166 = 0.99017\,\mathrm{mm}$$

直径の読みの確率誤差 r_d は

$$r_d = 0.6745\sqrt{\frac{\sum_{i=1}^{n}\Delta_i^2}{n(n-1)}}$$

$$= 0.6745\sqrt{\frac{10368\times10^{-8}}{12\times 11}}$$

$$= 6.0\times10^{-4}$$

$$= 0.0006\,\mathrm{mm}$$

故に直径の読みの測定値 d は

$$d = \bar{d} \quad \pm \quad r_d = 0.9902 \pm 0.0006\,\mathrm{mm}$$

計算例 3　針金の直径の最確値 $\bar{D}$ 及びその確率誤差 r_D の計算

直径の最確値 $\bar{D}$ は

$$\bar{D} = \bar{d} - \bar{z} = 0.9902 - 0.0042 = 0.9860\,\mathrm{mm}$$

直径の確率誤差 r_D は

$$r_D = \sqrt{r_d^2 + r_z^2} = \sqrt{(0.0006)^2 + (0.0001)^2}$$

$$= 6.1\times10^{-4}$$

$$= 0.0006\,\mathrm{mm}$$

したがって直径 D は

$$D = \bar{D} \quad \pm \quad r_D$$

$$= 0.9860 \pm 0.0006\,\mathrm{mm}$$

(6) レポートの結果の項には，上式のように針金の直径の平均値に平均値の確率誤差をつける．

結果例　針金の直径 $D = 0.9860 \pm 0.0006\,\mathrm{mm}$

検討　測定精度の評価

針金の直径のパーセント精度を求めよ．

3　基礎実験III
(ノギスによる円柱の体積の測定)

学習目標: 基礎実験IIと同じく長さの測定であるが，正確に測定する工夫，および間接測定値に対する誤差の伝播について学ぶ.

1 目的

ノギス (vernier callipers) を用いて円柱の直径と高さを測定し，その体積を求める．また，確率誤差を求めて間接測定値の誤差を計算する.

2 理論

(1) ノギスの構造

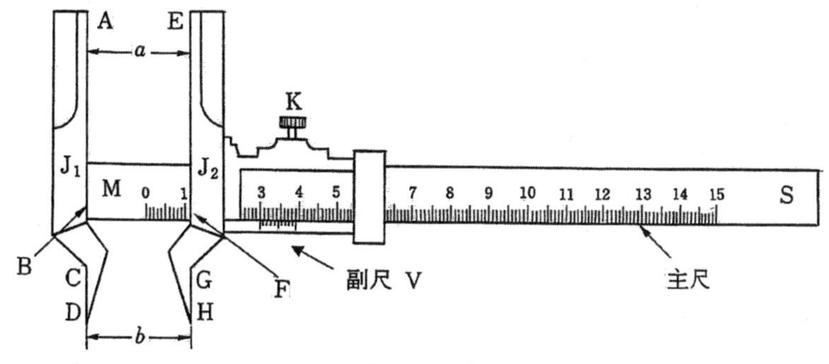

図1　ノギス

ノギスは図1のように主尺 (mainscale) MS にジョー (jaw) J_1 が直角に固定され，MS に沿って滑り動く副尺 (vernier) V にジョー J_2 が固定されている．J_1 と J_2 は平行である．J_1 の AB と CD は一直線をなしており，J_2 の EF と GH も一直線になっている．ねじ K を締めると V は MS に固定され滑らなくなるので通常はゆるめておく．V の上に刻まれた標線 (0 目盛の線) は，V を動かして EF と AB を密着させたときに主尺 MS 上の目盛 0 を指すようになっている．V が動き，V 上の標線が主尺の目盛上を動けばその距離だけ J_1 と J_2 との間も開くから，主尺上の標線の位置を調べるだけで AE の間隔を知ることができる．この場合 J_1J_2 の部分は外法 (そとのり，外径) の直読に適している．さらに，この主尺上の標線の位置の読みは CD と GH との距離に等しい $(b = a)$ から内法 (うちのり，内径) も直読できることになる.

(2) 副尺による測定の原理

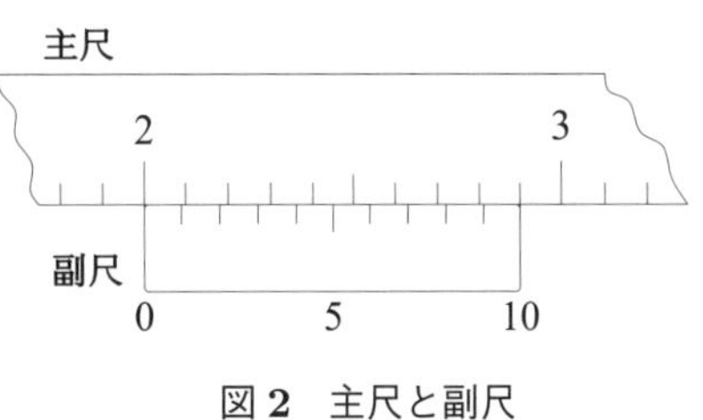

図2　主尺と副尺

長さや角度などを測るとき，測ろうとする値がちょうど測定器目盛りに一致することはまれで，目盛と目盛の間の値を示すのが普通である．このようなときに，その端数を目分量で読むより少しでも正確に測定するために工夫されたのが副尺である (図

2 参照).

測定器の主要な目盛を主尺 (mainscale) または本尺といい，主尺に沿って滑り動く小さい物差しを副尺という．副尺は主尺目盛の $(n-1)$ 個分の長さを n 等分して作った物差しで，その 1 目盛の長さは主尺の 1 目盛より短い．主尺も副尺も目盛りの数字は同じ向きに進行している (図 2 では右向き)．副尺は長さの測定以外でも用いられるから (例えば分光計の角度の読み)，以下の議論では，尺上に長さで表現されている物理量一般の値を単に値と言うことにする．

副尺を使わない測定では，副尺の 0 目盛りの線 (標線) の位置を主尺目盛の値で読み，主尺の 1 目盛り以下の値は目分量で読むことになる．副尺の機能は，例えば図 3 に示すような場合，主尺目盛 A から矢印 B(副尺 0 目盛) までの値を，主尺 1 目盛の値を標準にして正確に知ることにある．

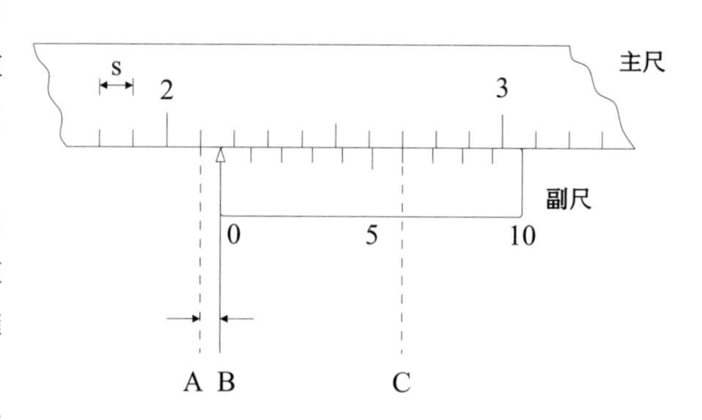

図 3　副尺の機能の例

主尺 1 目盛が表す値を s とすれば，副尺の 1 目盛の値は $s \cdot (n-1)/n$ になり，これを $s\left(1-\dfrac{1}{n}\right)$ と変形してみれば，副尺の 1 目盛は，主尺 1 目盛の値より $1/n$ だけ小さいことがわかる．今，副尺の 0 から数えて k 番目の線が主尺の目盛と一致したとする (例えば図 3 の C 点)．一致点から副尺上で 1 目盛左へ戻るごとに主尺と副尺の目盛は $1/n$ の値ずつずれて行くから，k 目盛だけ戻った矢印の所 (副尺の 0 目盛) では s の k/n 倍だけずれていることになる．ところが，このときのずれの値は AB 間の値そのものである．こうして，目分量によらずに，副尺の目盛を数えるだけで，AB 間の値が $(k/n) \cdot s$ であることがわかる．

3 装置

ノギス (図 1)，試料：円柱

4 方法

(1) 実験に先立ち，ノギスの構造を理解し故障の有無をチェックする．まず J_1 と J_2 とを密着させたとき，主尺と副尺の零目盛が一致すること，CD と GH の線が一致すること，A と E が密着していることを確かめる．

(2) ノギスの操作及び測定の練習を行う．

試料の円柱を図 4(a) のようにはさみ，試料が EF 面を摩擦して滑る程度に軽く押しつけ，ねじ K をしめる．

これから直径の値を読むのであるが，ミリメートルの値までは副尺の 0 目盛の位置を主尺の目盛で読み，ミリメートル以下の数字は主尺目盛線と副尺目盛線が一致した場所の値を読む．例えば主尺と副尺が図 5 のようになっているとき，主尺と副尺目盛が一致している場所は C であるから，主尺の値が 21，副尺の値は 65 であり，従って直径の読

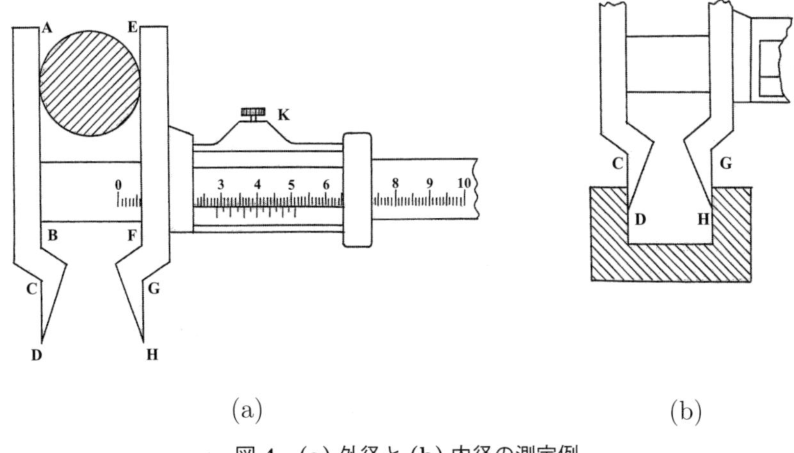

図 4　(a) 外径と (b) 内径の測定例

みは 21.65 mm である ([注 1] 参照).　副尺の目盛線の幅が細すぎると，どの目盛線も一

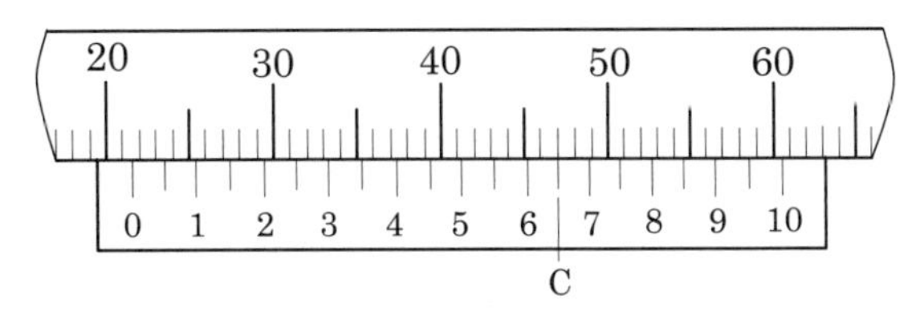

図 5　主尺と副尺による測定例

致しないことがある．そのときは，最もくい違いの少ない目盛を読む．

このように，実際の副尺では理論で説明した n, s や k の値は意識しなくてもいい場合が多い．内法は，図 4(b) のように測ることも知っておくとよい．

[注 1]　理論通りに読むとすれば，$s = 1.00$ mm，$n = 20$，$k = 13$ であるから，副尺での値は $(k/n) \cdot s$ により，$(13/20) \cdot 1.00$ mm$= 0.65$ mm となる．

(3) 測定例を参考にしてデータを記入する表を作成する．

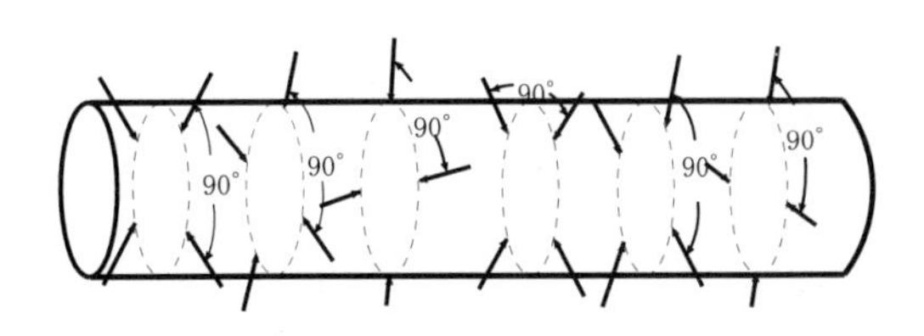

図 6　鉄柱の直径の測定部分の例

(4) ノギスの零点 (図 4 の AE に何もはさまず密着させたときの値．[注 2] 参照)，円柱の直径，高さの順に測定する．直径は図 6 のように 6 ヶ所で互いに直角方向に 1 組ずつ，高さは 6 回測定し，測定例にならって記録する．

[注 2]　零点は 0.00 mm になっているはずであるが，ノギスの経年変化，使用状況などにより変化することがあるので，ここでは測定値を補正するためのデータとして測定する．

測定例　鉄柱の直径および高さの測定

試料：鉄柱 No.11

使用したノギスの番号 No.64

測定回数	零点の読み [mm]	直径の読み [mm]	高さの読み [mm]
1	0.00	18.90	100.85
2	0.00	19.00	100.70
3	0.00	18.90	100.60
4	0.00	18.90	100.65
5	0.00	18.95	100.70
6	0.00	18.95	100.70
7	0.00	19.00	
8	0.00	18.95	
9	0.00	18.95	
10	0.00	18.95	
11	0.00	18.90	
12	0.00	18.90	

(5) 直径，高さのデータのばらつきがガウス分布すると仮定して平均値と平均値の確率誤差([注 3] 参照) を計算する．計算するときは，計算例 1 に示すような表を作り順次行う．さらにこれらの平均値と確率誤差を用いて，体積の最確値とその確率誤差を計算する．

[注 3]　測定値 (例えば高さ) によっては，全ての値が同一になることがある．これは測定量のばらつきに比べて測定器の目盛が粗いためである．このようなときはその測定器で測定可能な最小値を測定値の確率誤差と見なして計算を続行する．

計算例 1　直径の算術平均値 $\bar{d}$ 及び確率誤差 r_d の計算

マイクロメータの計算例より計算を簡略化し，ここでは [(直径の読み) − (零点の読み)] の値に対して誤差を求める．

測定回数	(1) 零点の読み [mm]	(2) 直径の読み [mm]	d_i =(2)−(1) [mm]	$\Delta_i = d_i - \bar{d}$[mm]		Δ_i^2 [mm^2]
				+	−	
1	0.00	18.90	18.90		0.0375	1406×10^{-6}
2	0.00	19.00	19.00	0.0625		3906
3	0.00	18.90	18.90		0.0375	1406
4	0.00	18.90	18.90		0.0375	1406
5	0.00	18.95	18.95	0.0125		156
6	0.00	18.95	18.95	0.0125		156
7	0.00	19.00	19.00	0.0625		3906
8	0.00	18.95	18.95	0.0125		156
9	0.00	18.95	18.95	0.0125		156
10	0.00	18.95	18.95	0.0125		156
11	0.00	18.90	18.90		0.0375	1406
12	0.00	18.90	18.90		0.0375	1406
和	0.00	227.25	227.25	+0.1875	−0.1875	15622×10^{-6}

直径の算術平均値 $\bar{d}$ は

$$\bar{d} = \frac{227.25}{12} = 18.93750 = 18.9375\,\mathrm{mm}$$

直径の確率誤差 r_d は

$$\begin{aligned} r_d &= 0.6745\sqrt{\frac{\sum_{i=1}^{n}\Delta_i^2}{n(n-1)}} \\ &= 0.6745\sqrt{\frac{15622\times10^{-6}}{12\times11}} \\ &= 7.3\times10^{-3} \\ &= 0.007\,\mathrm{mm} \end{aligned}$$

故に直径の測定値は

$$\begin{aligned} d &= \bar{d} \quad \pm \quad r_d \\ &= 18.938 \pm 0.007\,\mathrm{mm} \end{aligned}$$

有効数字は 41 ページの [注 1] から [注 4] を参照せよ.

計算例 2　高さの算術平均値 $\bar{h}$ 及び確率誤差 r_h の計算

測定回数	(1) 零点の読み [mm]	(2) 高さの読み [mm]	h_i =(2)−(1) [mm]	$\Delta_i = h_i - \bar{h}$[mm] +	−	Δ_i^2 [mm^2]
1	0.00	100.85	100.85	0.1500		22500×10^{-6}
2	0.00	100.70	100.70		0.0000	0
3	0.00	100.60	100.60		0.1000	10000
4	0.00	100.65	100.65		0.0500	2500
5	0.00	100.70	100.70		0.0000	0
6	0.00	100.70	100.70		0.0000	0
和	0.00	604.20	604.20	+0.1500	−0.1500	35000×10^{-6}

高さの算術平均値 $\bar{h}$ は

$$\bar{h} = \frac{604.20}{6} = 100.70000 = 100.7000\,\mathrm{mm}$$

高さの確率誤差 r_h は

$$\begin{aligned} r_h &= 0.6745\sqrt{\frac{\sum_{i=1}^{n}\Delta_i^2}{n(n-1)}} \\ &= 0.6745\sqrt{\frac{35000\times10^{-6}}{6\times5}} \\ &= 2.3\times10^{-2} \\ &= 0.02\,\mathrm{mm} \end{aligned}$$

故に高さの測定値は

$$h = \bar{h} \quad \pm \quad r_h = 100.70 \pm 0.02\,\mathrm{mm}$$

計算例3　体積の最確値 $\bar{V}$ とその確率誤差 r_V の計算

体積の最確値 $\bar{V}$ は

$$
\begin{aligned}
\bar{V} &= \frac{\pi}{4} \cdot (\bar{d})^2 \cdot \bar{h} \\
&= \frac{1}{4} \times 3.14159 \times (18.938)^2 \times 100.70 \\
&= 28.3652 \times 10^3\,\mathrm{mm}^3 \\
&= 28.365 \times 10^3\,\mathrm{mm}^3 \\
&= 28.365\,\mathrm{cm}^3
\end{aligned}
$$

体積の確率誤差 r_V は

$$
\begin{aligned}
r_V &= \bar{V}\sqrt{\left(2 \times \frac{r_d}{\bar{d}}\right)^2 + \left(\frac{r_h}{\bar{h}}\right)^2} \\
&= 28.365\sqrt{\left(2 \times \frac{0.007}{18.938}\right)^2 + \left(\frac{0.02}{100.70}\right)^2} \\
&= 2.2 \times 10^{-2} \\
&= 0.02\,\mathrm{cm}^3
\end{aligned}
$$

故に円柱の体積は

$$
V = \bar{V} \quad \pm \quad r_V = 28.37 \pm 0.02\,\mathrm{cm}^3
$$

(6) レポートの結果の項には，直径および高さと体積の値を，それぞれ対応する誤差をつけて報告する．

結果例

円柱の直径　$d = 18.938 \pm 0.007\,\mathrm{mm}$
円柱の高さ　$h = 100.70 \pm 0.02\,\mathrm{mm}$
円柱の体積　$V = 28.37 \pm 0.02\,\mathrm{cm}^3$

検討　測定精度の評価

直径，高さ，体積のパーセント精度をそれぞれ求めよ．

4 重力加速度

1 目的

ボルダの振り子の周期と長さを測定し，重力加速度の大きさ g を求める．

2 理論

図 1 の剛体振り子 (質量 M，重心 G，水平軸 O，$\overline{\mathrm{OG}}$ の長さ h，O のまわりの慣性モーメント I) において，$\overline{\mathrm{OG}}$ が鉛直下向きとなす角を θ とすると，運動方程式は

$$I\frac{d^2\theta}{dt^2} = -Mgh\sin\theta \tag{1}$$

と表せる．θ が十分に小さいときは，$\sin\theta$ は θ と近似できるから，上式は

$$I\frac{d^2\theta}{dt^2} = -Mgh\theta \tag{2}$$

となる．これは単振動の方程式であるから，その周期 T は

$$T = 2\pi\sqrt{\frac{I}{Mgh}} \tag{3}$$

である．従って g は次式で表せる．

$$g = \frac{4\pi^2}{T^2}\frac{I}{Mh} \tag{4}$$

剛体が図 2 のボルダの振り子 (球の質量 M，直径 d，球の中心と支点との距離 h) の場合は

$$I = \frac{2}{5}M\left(\frac{d}{2}\right)^2 + Mh^2 \tag{5}$$

であるから，g は以下のようになる．

$$\begin{aligned} g &= \frac{4\pi^2}{T^2}\cdot\frac{\frac{2}{5}M\left(\frac{d}{2}\right)^2 + Mh^2}{Mh} \\ &= \frac{4\pi^2}{T^2}\left(h + \frac{1}{10}\frac{d^2}{h}\right) \end{aligned} \tag{6}$$

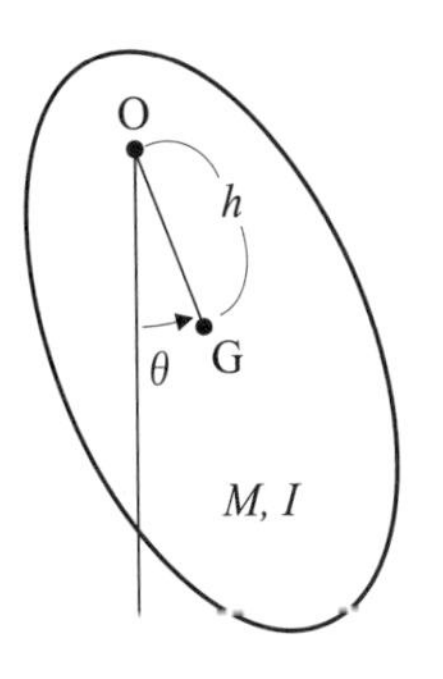

図 1　剛体振り子

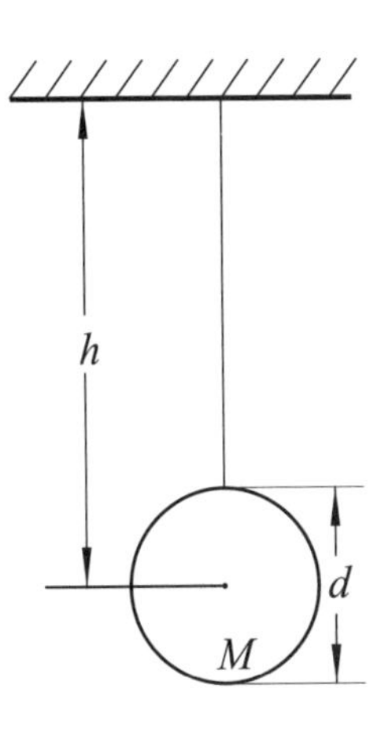

図 2　ボルダの振り子の概念図

3 装置

ボルダの振り子 (図 3)，ストップウォッチ，ノギス，水準器，長さ測定器，巻尺，カウンター，赤外線（IR, infrared）センサー，周期測定用マイコン，液晶ディスプレイ（LCD, liquid crystal display）

4 方法

周期の測定

(1) 図3のように台Aの上に三脚Bをおき，水準器を用いてBを水平にする．

(2) 糸Eの一端を吊り具PのフックDに引っ掛け，糸の下端に球を引っ掛けると，図3のような振り子になる．ナイフエッジ (knife edge) 部分 OO' を後の壁と直角になるように静かに三脚Bの上に置く．

(3) 球を数cmの振れ幅で10回振らせ，10回分の周期 (10周期)T_1 を測る．

(4) フックDから球つきの糸を外し，吊り具Pだけを10回振らせて，その10周期 T_2 を測る．T_1 が T_2 に等しくなければ平衡ねじHを上下させ，T_1 と T_2 の差が1秒以下になるまで調整を行う．この作業の過程で吊り具Pが傾くこともあるが，傾きが極端でなければ作業を続行する．

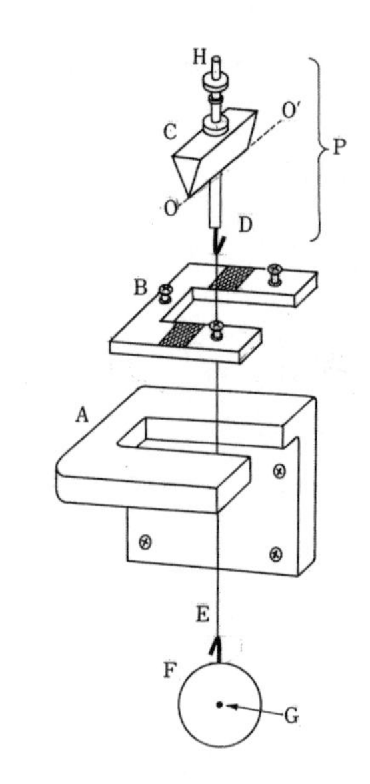

図3　ボルダの振り子の装置図

測定例1　振り子の調整

T_1：振り子の10周期 (球の付いた状態)

$$T_1 = 24.21\,\mathrm{s}$$

T_2：吊り具単体の10周期

T_1への近似過程　23.86,　24.53,　24.02 s

到達した T_2　　$T_2 = 24.02\,\mathrm{s}$

(5) 球のついた糸を再び吊り具に取り付け，三脚の上に置く．実験中は，球が落ちたり糸の長さが変わったりしないよう，静かに取り扱う．

(6) 球を壁と平行に振らせ，ねじれ振動などが伴わないようにする．このとき，振り子の最大振れ角 θ_m を小さくするために，球の少し上での振れ幅 (図4の r_1) を1cm程度にする．

(7) 図4の r_1 を巻尺で測定し，最大振れ角 θ_m を求める．

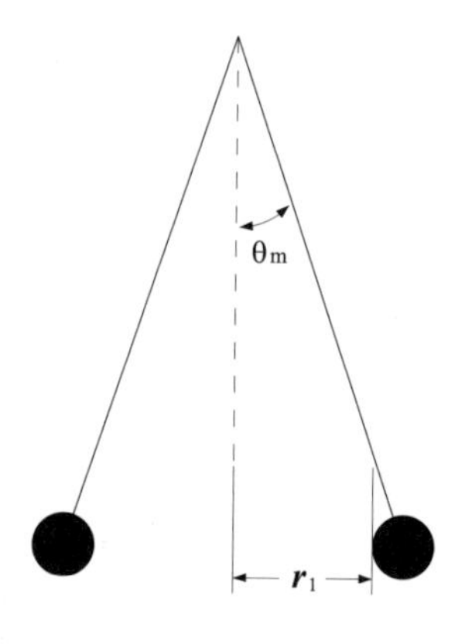

図4　最大振れ角

(8) IR センサーの出力ケーブルをマイコンの入力端子に接続する．

(9) AC アダプタをマイコンに接続し，電源を投入する．マイコンの電源確認 LED（緑）と IR センサーの LED（赤）が点灯していることを確認する．

(10) 振り子を 1 cm 程度振り，図 5 を参考に IR センサーの間を鉄球が通るようスタンドの位置を調節する（鉄球が IR センサーの間を通るたびに，IR センサーの LED が点滅することを確認する）．

(11) マイコンのリセットスイッチ［図 6 参照］を押し，LCD の表示が変わったのを確認する．その後，1 周期ごとに測定回数が 1 増加することを確認する．

(12) マイコンのリセットスイッチを再び押し，本番の測定に備える．

(13) 「Now loading・・・」の文字が表示されたら，約 3 秒後に自動で測定が開始される．測定中は測定ミスが起こっていないか，IR センサーの LED の点滅や LCD の表示を常時監視する．

(14) 200 回の測定が終了し，LCD に「End」の文字が表示されていることを確認する．

(15) セレクトスイッチを押すことで 10 周期毎の時間を表示し，それを記録する．

(16) 測定データを整理して周期 T を求める．

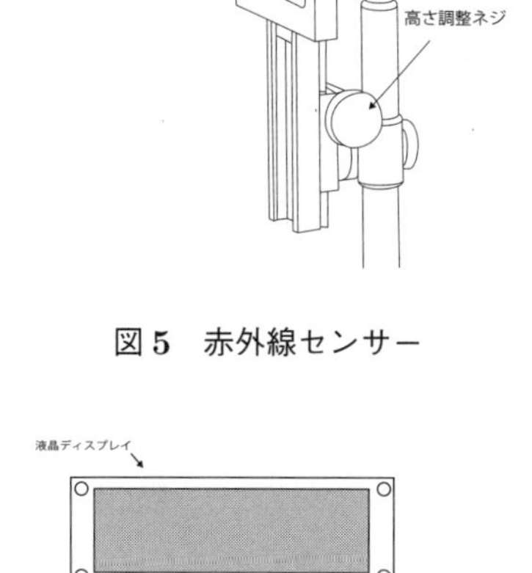

図 5　赤外線センサー

図 6　周期測定マイコンと LCD

測定例 2　周期の測定

回数	時刻の読み (1)		10 周期	回数	時刻の読み (2)		10 周期	100 回の周期 (2) − (1)	
	m	s	s		m	s	s	m	s
0	0	30.12		100	4	31.34		4	01.22
10	0	54.20	24.08	110	4	55.52	24.18	4	01.32
20	1	18.24	24.04	120	5	19.55	24.03	4	01.31
30	1	42.51	24.27	130	5	43.85	24.30	4	01.34
40	2	06.54	24.03	140	6	07.84	23.99	4	01.30
50	2	30.71	24.17	150	6	31.80	23.96	4	01.09
60	2	54.89	24.18	160	6	56.30	24.50	4	01.41
70	3	19.05	24.16	170	7	20.13	23.83	4	01.08
80	3	43.06	24.01	180	7	44.28	24.15	4	01.22
90	4	07.25	24.19	190	8	08.50	24.22	4	01.25
100	4	31.34	24.09	200	8	32.57	24.07	4	01.23

[注意] 上記の表の各 10 周期の値について，2 秒程度の差があると数え間違いであるので，再び測定し直す．データのまとめ方については，第 I 部 5 データ処理 2 (1)(20 ページ) 参照.

[注意] 振り子は分解しないこと．実験終了 (道具の返却) まで振り子はそのままにしておく.

計算例 1　周期 T の計算

100 周期の平均値　$4^{\mathrm{m}}01^{\mathrm{s}}.2518 = 241.252\,\mathrm{s}$

従って，1 周期は $T = 2.41252\,\mathrm{s}$ となる.

長さの測定

(1) 図 7(a) に長さ測定器の概要を示す．長さ測定器は，支柱が鉛直になるように調整されているので，移動させたり衝撃を与えたりしてはならない.

(2) 周期の測定を終えた直後の振り子を分解せずに，図 7(a) の様に長さ測定器にセットする．このとき，吊り具 P のナイフエッジ部分 (図 3 の OO′) は，図 7(b) の様に支持台 J の上面に付いている標線に一致させて置く.

(3) ナイフエッジの座標を次のように測定する．副尺部分を引き上げて，副尺部分の刃先がナイフエッジに軽く触れる位置でとめ，副尺を用いてスケール S の値 z を読む．これはノギスの零点測定に相当する．測定は 3 回行なう．このときナイフエッジが支持台から持ち上がっていたり，刃先がナイフエッジに触れていなかったりすると正確な測定はできない.

(4) 次に球の底の座標を測定する．副尺の刃先を球より下にさげ，吊り具をセットしなおす (図 7(a) 参照)．但し，今度はスケールの左真横からみたとき，振り子の糸とスケールの厚み部分が重なって見えるような位置にセットする (スケール面と糸が同一平面内にあるようにセットしたことになる).

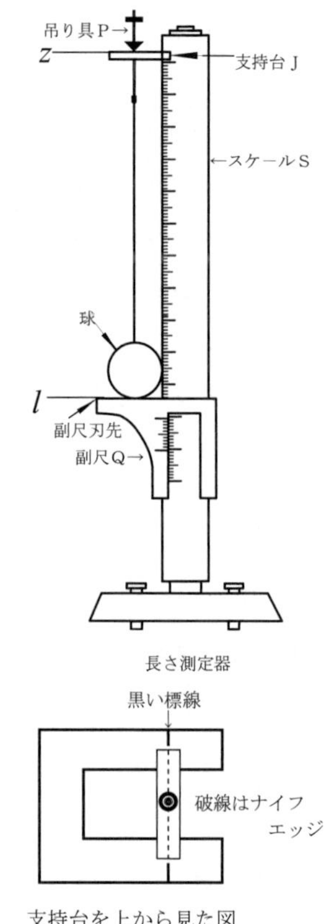

図 7　(a) 長さ測定器，(b) 上から見た様子

(5) 副尺の刃先が軽く球の底に触れるようにして l の値を測定する．測定は 3 回行なう．糸がたわまず，しかも副尺の刃先が球の底からはなれないように注意深く測定する必要がある.

(6) ノギスを用いて球の直径を求める．3 回の測定値を平均し，この値を d とする.

(7) ボルダの振り子の長さ h は次式で求まる.

$$h = l - z - \frac{d}{2} \tag{7}$$

(8) 測定のチェックのために，$l - z$ に相当する長さを巻尺でも測っておく．$l - z$ と巻尺で測った値の差が 5 mm 以下であることを確認しておく．

測定例 3　振り子の長さ h の測定

回数	ナイフエッジ座標 z [mm]	球の底の座標の値 l [mm]	球の直径の値 d [mm]
1	19.20	1483.75	39.80
2	19.20	1483.60	39.80
3	19.20	1483.45	39.80
平均	19.20	1483.60	39.800

$l - z = 1483.60 - 19.20 = 1464.40\,\mathrm{mm}$

巻尺で測った値　146.5 cm

計算例 2　式 (7) より

$$h = 1483.60 - 19.20 - \frac{39.800}{2} = 1444.50\,\mathrm{mm}$$

(9) 周期 T 及び h, d を使って重力加速度 g を求める．

計算例 3　重力加速度 g の計算

$$h = 1444.50\,\mathrm{mm}, \quad d = 39.800\,\mathrm{mm}, \quad T = 2.41252\,\mathrm{s}$$

$$\begin{aligned} g &= \frac{4\pi^2}{T^2}\left(\frac{1}{10}\frac{d^2}{h} + h\right) \\ &= \frac{4 \times 3.141593^2}{2.41252^2}\left(\frac{1}{10}\frac{39.800^2}{1444.50} + 1444.50\right) \\ &= \frac{4 \times 3.141593^2}{2.41252^2}(0.10966 + 1444.50) \\ &= \frac{4 \times 3.141593^2}{2.41252^2}(1444.61) \\ &= 9798.703\,\mathrm{mm/s^2} \\ &= 9.79870\,\mathrm{m/s^2} \end{aligned}$$

結果例

実験室の重力加速度 $g = 9.79870\,\mathrm{m/s^2}$ （公値は $9.7973641 \pm 0.0000007\,\mathrm{m/s^2}$）

検討　絶対誤差と相対誤差の評価

実験室における重力加速度の公値に対する絶対誤差と相対誤差を求めよ．実験室における重力加速度の最確値は $9.7973641\,\mathrm{m/s^2}$ である．

5 ヤング率

1 目的

サールの装置によりヤング率を測定する．

2 理論

針金のような弾性体の一端を固定し，他の端を引っ張ると伸びる．このときの針金の断面を考えると，この断面には両側から大きさが等しく方向が反対の力が働いてつりあっている．このときの力をその断面積で割った量を応力といい，針金の伸びを針金の長さで割った量を歪(ひずみ)という．弾性体において，応力と歪みとの間に比例関係が成り立つとき，この関係をフックの法則という．金属などの弾性体では，応力が小さいときにはフックの法則が成り立つから，応力と歪みの比は応力に対して一定である．この比はヤング (Young) 率といわれ，物質によって値が決まっている．ヤング率は単に物質の性質を表すだけでなく，物体を伝わる音の速さを決め，弦などでは音の高さ (振動数) を決める基本的な物理量の一つである．

いま，長さ l，直径 d，断面積 S の一様な針金に質量 M のおもりを吊して引っ張ったとき，針金が Δl だけ伸びたとすれば，応力 P と歪 e は定義により，

$$P = \frac{Mg}{S} \tag{1}$$

$$e = \frac{\Delta l}{l} \tag{2}$$

となる．このときフックの法則が成り立っていれば，ヤング率 E は，

$$E = \frac{P}{e} = \frac{Mg/S}{\Delta l/l} = \frac{Mgl}{S\Delta l} = \frac{Mgl}{\pi(d/2)^2\Delta l} = \frac{4Mgl}{\pi d^2\Delta l} \tag{3}$$

と求まる．但し，g は重力加速度の大きさを表す．

3 装置

サール (Searle) の装置 (図 1)，巻尺，マイクロメータ，電子天秤 (5 kg 用)，おもり，試料：針金 (鋼，真ちゅう)

4 方法

(1) 測定用のおもりの質量 m_1，m_2，$\cdots$，m_9 をひとつずつ電子天秤で 0.01 g の単位まで測定し，それらがほぼ等しいことを確かめる．

(2) 図 1 のように測定すべき針金 A，B(長さ約 2 m) の上端をチャック C によって固定し，下端を測定台のチャック D に固定する．台の吊り具 E，F に適当な補助おもり W(約 1 kg) を乗せて針金のたるみをまっすぐに引き伸ばす．

(3) 水準器Lの傾きを加減するマイクロメータのツマミNを回して，水準器の泡が中央に来るようする．この水平になった位置をマイクロメータのスケールSおよびダイヤルMによって1/1000 mmまで読み，これをz_0とする(ダイヤルMは一周を50等分してあり，その1回転によって0.5 mm上下に移動するから1目盛は1/100 mmである．従って，目分量で1目盛の1/10まで読めば1/1000 mmの値を得る．ダイヤルMの目盛はスケールのエッジの位置を読む)．

(4) 吊り具Fに質量m_1の測定用おもり1個を乗せ，再びツマミNを回して水準器を水平にし，その位置z_1を方法(3)と同様に読む．このとき伸びるのはBの針金であり，求めるヤング率は針金Bのものである．

(5) 以下同様にして順次おもりを番号順に1個ずつ追加し，その度に水準器を調節してその位置z_2，z_3，z_4，$\cdots$，z_9を読む．

(6) 今度は逆におもりを1個ずつ減らしてその位置z_9'，$\cdots$，z_0'を読む．結果は測定例1のようにまとめる．伸びΔlは$\bar{z_0}$を基準とし$\bar{z_1}$，$\cdots$，$\bar{z_9}$の差から求める．

[注意] 測定は，各おもりの質量の和とマイクロメータの読みの関係をグラフに書きながら同時に行う．グラフはおもりを増加させていくときと減少させていくときを区別して書く．このグラフにより次の伸びを予測し，あわせて直線的に伸びていることをチェックする．

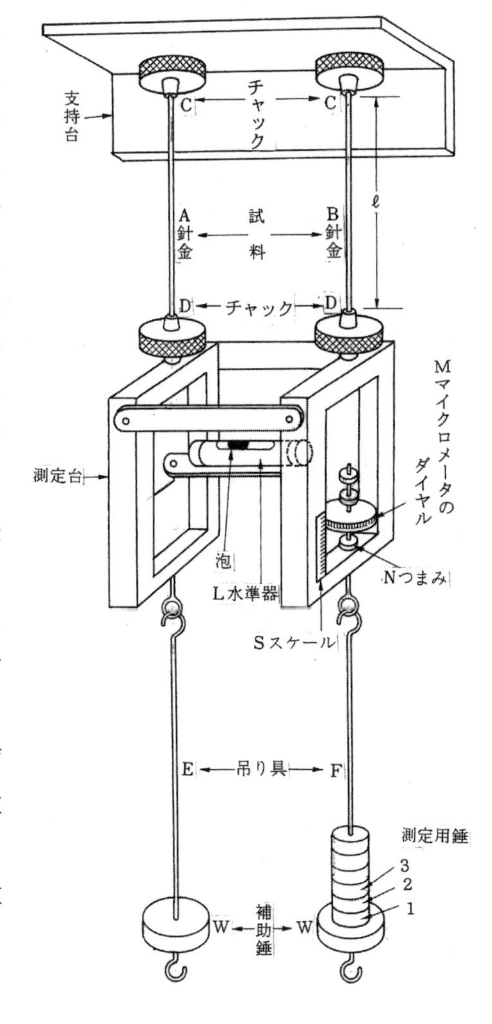

図1 サールの装置

測定例1　質量および伸びの測定

① おもりの質量

$m_1 = 199.94\,\mathrm{g}, m_2 = 199.93\,\mathrm{g}, m_3 = 200.00\,\mathrm{g}, m_4 = 200.03\,\mathrm{g}, m_5 = 199.87\,\mathrm{g}$

$m_6 = 199.89\,\mathrm{g},\ m_7 = 200.04\,\mathrm{g},\ m_8 = 200.01\,\mathrm{g},\ m_9 = 199.89\,\mathrm{g}$

$\bar{m} = 199.956\,\mathrm{g}$

② 伸びの測定値　　試料：真ちゅう

おもりの数	マイクロメーターの読み z [mm]				平均値 [mm]		伸び Δl [mm]	おもり 5 個 (1 kg) に対する伸び ΔL [mm]
	おもり増加		おもり減少					
0	z_0	9.756	z'_0	9.757	$\bar{z}_0$	9.757		
1	z_1	9.820	z'_1	9.821	$\bar{z}_1$	9.821	0.064	
2	z_2	9.883	z'_2	9.881	$\bar{z}_2$	9.882	0.125	
3	z_3	9.939	z'_3	9.940	$\bar{z}_3$	9.940	0.183	
4	z_4	10.001	z'_4	9.999	$\bar{z}_4$	10.000	0.243	
5	z_5	10.058	z'_5	10.054	$\bar{z}_5$	10.056	0.299	$\lvert\bar{z}_5-\bar{z}_0\rvert=0.299$
6	z_6	10.115	z'_6	10.111	$\bar{z}_6$	10.113	0.356	$\lvert\bar{z}_6-\bar{z}_1\rvert=0.292$
7	z_7	10.171	z'_7	10.168	$\bar{z}_7$	10.170	0.413	$\lvert\bar{z}_7-\bar{z}_2\rvert=0.288$
8	z_8	10.225	z'_8	10.225	$\bar{z}_8$	10.225	0.468	$\lvert\bar{z}_8-\bar{z}_3\rvert=0.285$
9	z_9	10.284	z'_9	10.284	$\bar{z}_9$	10.284	0.527	$\lvert\bar{z}_9-\bar{z}_4\rvert=0.284$

ΔL の平均 $\overline{\Delta L}$=0.2896 mm=2.896×10^{-4} m

[注意] 平均値の求め方 (20 ページ) 参照.

(7) 補助のおもり W だけを残し針金の全長 l(チャック C の下端とチャック D の上端との距離) を巻尺で mm 単位まで 3 回測定し，その平均値を求める．

測定例 2　針金の全長 l の測定

回数	長さ l [cm]
1	160.3
2	160.2
3	160.1
平均	160.2

l の平均値=160.2 cm=1.602 m

(8) 測定例 3 にならって，マイクロメータにより針金の直径を 0.001 mm まで読み，その平均値を求める．針金全体を代表する直径を得るため，一つの場所で互いに直角な方向に一回ずつ 5 ヶ所で測定する (計 10 回となる).

測定例 3　針金の直径 d の測定

測定回数	零点の読み [mm]	直径の読み [mm]
1	−0.002	0.802
2	−0.002	0.800
3	−0.003	0.800
4	−0.002	0.799
5	−0.002	0.801
6	−0.002	0.801
7	−0.001	0.799
8	−0.002	0.799
9	−0.002	0.800
10	−0.002	0.800
平均	−0.0020	0.8001

$$d = 0.8001 - (-0.0020) = 0.8021\,\mathrm{mm} = 8.021\times10^{-4}\,\mathrm{m}$$

(9) 式 (3) によりヤング率を計算する．測定例に則して示すと，式には，$M{=}5\bar{m}{=}0.999780\,\mathrm{kg}$，$g{=}9.7974\,\mathrm{m/s^2}$，$l{=}1.602\,\mathrm{m}$，$d{=}8.021\times10^{-4}\,\mathrm{m}$，及び $5\bar{m}$ の荷重に対する針金の伸び Δl に $\overline{\Delta L}{=}2.896\times10^{-4}\,\mathrm{m}$ の値を代入することになる．

計算例　真ちゅうのヤング率の計算

$$E = \frac{4Mgl}{\pi d^2 \Delta l} = \frac{4\cdot 5\overline{m}gl}{\pi d^2\cdot\overline{\Delta L}}$$
$$= \frac{4\times 0.999780\times 9.7974\times 1.602}{3.1416\times(8.021\times10^{-4})^2\times(2.896\times10^{-4})}$$
$$= 1.072\times10^{11}\,\mathrm{N/m^2}$$

(10) おもりの質量 (縦軸) とマイクロメータの読み (横軸) のグラフを図 2 のように描く．おもりの平均値を $\bar{m}$ とすれば，おもり 1 個分の質量を $\bar{m}$，2 個分の質量を $2\bar{m}$，3 個分の質量を $3\bar{m}$ として良い．
(おもりの質量は応力 P に比例し，伸びは歪み e に比例するので，この図からフックの法則を確かめることができる．)

結果例　真ちゅうのヤング率 $E = 1.072\times10^{11}\,\mathrm{N/m^2}$

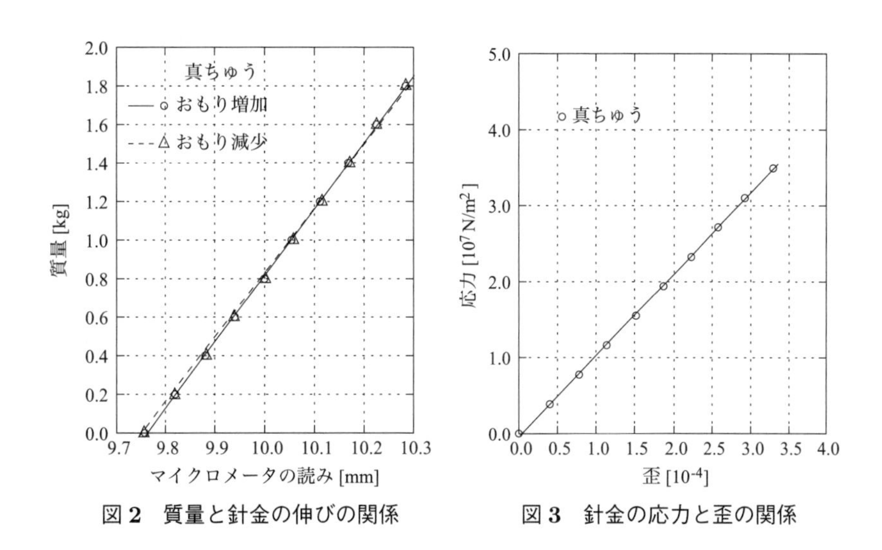

図 2　質量と針金の伸びの関係　　図 3　針金の応力と歪の関係

検討　絶対誤差と相対誤差の評価

公値 (実験机上の資料参照) との絶対誤差と相対誤差を求めよ．

6 熱膨張率

1 目的

光のてこ (optical lever) を使って金属の線膨張率を測定する．

2 理論

(1) 光のてこの構造と微小距離測定の原理

光のてこというのは，図 1(a) のように，三脚によって支えられた金属板の上に，鏡 M を取り付けたものである．鏡の支柱は脚と平行に立っている．脚は，前脚 E を頂点とし，後脚二本を結んだ線分を底辺とする二等辺三角形に配置されており，鏡の支柱は底辺の中央に位置している．また，鏡の面は底辺と平行でかつ金属板の面と直角の方向を向いている．

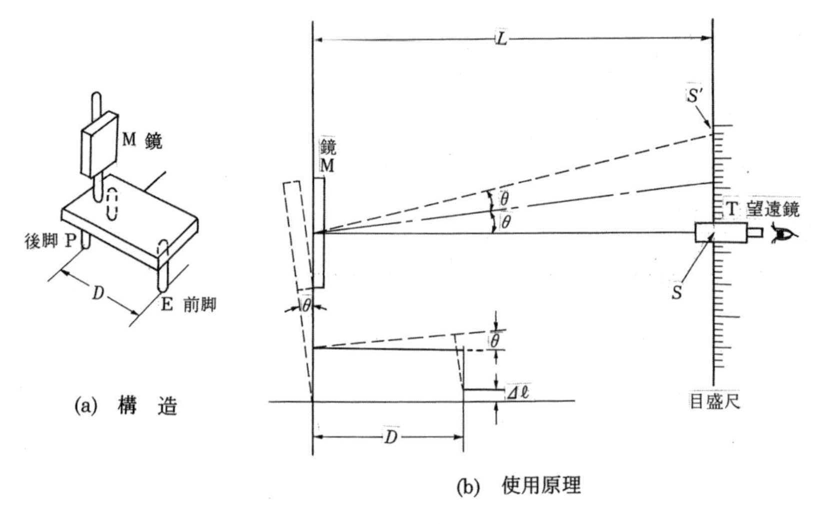

図 1　光のてこ

鏡 M の面の向きの角度変化は光学的に拡大して読み取ることができるから，物体の長さの微少な変化も，鏡の向きに関連づければ拡大して測定することができる．図 1(b) にはその測定の原理が図示されている．測定系は図 1(b) の実線のように装置がセットされ，鏡の支柱および目盛尺はそれぞれ鉛直になっている．ここで，鏡の反射面と目盛尺との間の距離を L とし，光のてこの脚間の水平距離 (三脚がつくる二等辺三角形の高さに相当する距離) を D とする．望遠鏡 T は，目盛尺に接して真横にあり，鏡面 M をほぼ真正面からみている．この時，望遠鏡をのぞいてみると鏡 M に映った目盛尺が見えている．その視野の中には十字線も見えていて，十字線の交点は鏡に映った目盛の位置に重なるようになっている．いま，光のてこの前脚 E の先端を鉛直方向に微小距離 Δl だけ持ち上げてみる．これにより，鏡の反射面が微小角 θ だけ回転したとすると，Δl と θ の関係は，

$$\Delta l = D\tan\theta \approx D\theta \tag{1}$$

と表せる．一方，望遠鏡の十字線交点が指し示す目盛尺の読みが，鏡の回転の前後でそれぞれ S，S' だったとすると，

$$S' - S \approx L \tan 2\theta \approx L \cdot 2\theta \tag{2}$$

$$\therefore\ \theta = \frac{S' - S}{2L} \tag{3}$$

の関係が成り立ち，式 (3) を式 (1) に代入すると，

$$\Delta l = \frac{D(S' - S)}{2L} \tag{4}$$

となる．この式が成り立つためには，目盛尺や鏡が正確に鉛直になるように装置をセットし，望遠鏡は鏡を真正面からとらえるようにし，さらに，目盛尺と望遠鏡はごく近くにセットしておく必要がある．光のてこの構造も上に述べたような幾何学的な条件を満たしていなくてはならない．実際に装置をセットするときには，これらの条件は正確には満たされておらず，少しずつずれているのが普通である．しかし，ずれがわずかであれば式 (4) がほぼ成り立つ．

(2) 線膨張率

温度が 0 °C，t [°C]，t' [°C] のときの金属棒の長さをそれぞれ l_0，l_t，l'_t とし，線膨張率を α とすれば，

$$l_t = l_0(1 + \alpha t) \tag{5}$$

$$l'_t = l_0(1 + \alpha t') \tag{6}$$

と表せる．式 (5) は線膨張率の定義と考えてよい．式 (5)，(6) から l_0 を消去して，近似の公式を適用し，α は 1 より充分小さいので α の二次の項を無視すると，次に示す式 (7) を得る．

$$\begin{aligned} l'_t &= \frac{l_t}{1 + \alpha t}(1 + \alpha t') \\ &\approx l_t(1 - \alpha t)(1 + \alpha t') \\ &\approx l_t\{1 + \alpha(t' - t)\} \\ \therefore\ \alpha &= \frac{l'_t - l_t}{l_t(t' - t)} \end{aligned} \tag{7}$$

$(l'_t - l_t)$ は金属棒の熱膨張による微小な伸びを表している．図 1(b) の光のてこの前脚 E を試料の金属棒の上に置いて測定すると，伸び $(l'_t - l_t)$ は Δl として測られる．式 (4) を式 (7) に代入すると，

$$\alpha = \frac{D(S' - S)}{2Ll_t(t' - t)} \tag{8}$$

となる．

3 装置

蒸気発生装置 [注 1]，試料加熱装置 (図 2)，光のてこ装置一式 [注 2]，温度計 (2 本)，巻尺，ノギス，試料：金属棒 (鋼，銅，アルミニウム)

[注 1]　電熱器，フラスコ，ゴム栓，ゴム管で構成されている．

[注 2]　光のてこ，目盛尺付き読み取り望遠鏡で構成されている．

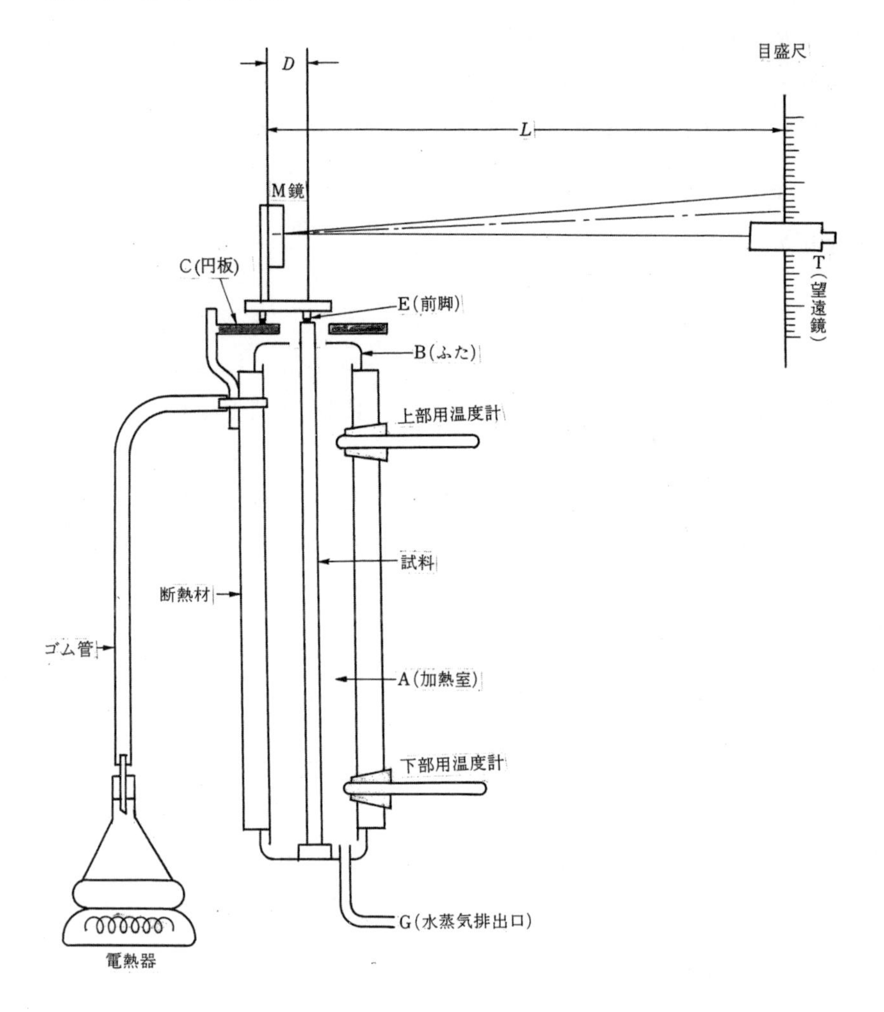

図 2　熱膨張率測定装置

4 方法

(1) フラスコに約 200 cc の水を入れ，電熱器で加熱する．

(2) 温度計の特性及び室温を調べるために，2 本の温度計の指示温度を同時に読む．このときに，どちらの温度計を上部用温度計 (図 2 参照) にするかを決めておく．水が沸騰してきたら，2 本の温度計を同時にフラスコに入れ，沸騰水の温度を測る．温度計の球部がフラスコの底に触れていると 100 °C を越えてこわれるので注意する．測定結果は測定例 1 のように記録する．沸騰するまでに時間がかかるから，その間に方法 (3) 以後の作業も可能な限り済せておくとよい．

測定例 1　温度計の特性

	室温 [°C]	沸騰水温 [°C]	指示温度差 [°C]
上部用温度計	22.3	98.3	76.0
下部用温度計	22.6	98.5	75.9
指示温度の差	−0.3	−0.2	0.1

(3) 装置のセットを開始する．まず，光のてこの鏡や支柱のゆるみを調べ，異常があれば直し，さらに，理論 (1) の「光のてこの構造」で述べたように調節する．

[注意] この後，水が沸騰するまで時間がかかるようなら，方法 (14)，(15) の測定を行っておくとよい．

(4) 図 2 を参考にして，試料を加熱室 A のふた B の穴から挿入し，光のてこ前脚 E を試料棒の上端に，後脚を支持台の円板 C の上に乗せる．円板 C の高さを調節して鏡の面をほぼ鉛直にする．

(5) 水が沸騰して方法 (2) の測定が終わったのち，2 本の温度計を室温になるまで冷やしてからゴム栓にさし込み，加熱室に取り付ける．温度計の先端が試料の金属棒に触れないように，温度計のゴム栓への差し込みの深さを調節する．

(6) 望遠鏡 T を鏡 M から 1〜2 m 離し，巻尺を使って望遠鏡と鏡の高さをほぼ同じにする．接眼レンズ部を前後に動かして十字線にピントを合わせる．

(7) 鏡に映った目盛尺の目盛が，望遠鏡の視野の中に鮮明に見えるように，目盛尺・望遠鏡・鏡の相対位置を調節する．このとき初めから望遠鏡に目を当てた状態で，鏡に映った目盛の像をとらえるのは困難なので，次の手順で行う．

① 鏡 M の面を正しく望遠鏡の方へ向ける．

② 最初は望遠鏡をのぞかず次の作業を行う．目の位置を左右に移動させて，どの位置で見たら鏡 M に目盛尺が映っているか見当をつける．次に望遠鏡を支持台ごと持ち，見当をつけた場所へ移動する．細かく位置を変えながら，望遠鏡 T の接眼部の真上に目を置いて鏡 M の中を見たときに，目盛尺が映っているのが「肉眼で」見えるようにする．

③ 同じく肉眼でねらいをつけ，望遠鏡の上下・左右方向の角度を調節する．こうして，望遠鏡が正しく鏡 M の方向に向いていれば，肉眼で接眼レンズの真上から望遠鏡の筒先方向をねらって見たとき，真正面に鏡があり，その鏡には目盛尺が映っている．

④ ここで初めて望遠鏡をのぞきながら，望遠鏡の上下・左右方向の角度や焦点を調節して，視野の中央に「鏡の像」が見えるようにする．

⑤ さらに望遠鏡の焦点ツマミを調節して，今度は「鏡に映った目盛尺」にピントを合わせてゆき，十字線交点で目盛が読めるように望遠鏡各部を調節する．見えている目盛尺が隣の班のものでないことを確認しておく．

(8) 温度計の示度が変化しないことを確認したのち測定を開始する．望遠鏡の十字線交点の目盛尺の位置を 0.1 mm まで読み，これを S とする．

(9) 加熱室 A の上部・下部の温度計の読み t_1，t_2 を 0.1 °C まで読む．方法 (8)，(9) の結果は測定例 2 のようにまとめる．

(10) 鏡 M を振動させないように注意しながら，フラスコと加熱室 A の上部をゴム管でつなぐ．この時ゴム管が U 字形にたるまないようにする．管の内部に水滴がたまって蒸気の流通を妨げるからである．

(11) 加熱室に蒸気が入り始めてしばらくしたら，加熱室下部の水蒸気排出口 G から蒸気と水滴が自由に排出されていることを確かめる．

(12) 上下 2 本の温度計の指示は上昇して行くが，100 °C 近くになると指示温度は変化しなくなる．さらに時間がたつと，望遠鏡の十字線交点が示す目盛尺の値も変化しなくなる．状態が完全に安定したら，十字線の交点が示す目盛尺の値を 0.1 mm まで読み，これを S' とする．次に上部・下部の温度計を 0.1 °C まで読み，これを t_1'，t_2' とする (測定例 2 参照)．

測定例 2　膨張率の測定

試料：アルミニウム棒

	温 度 [°C]		目盛尺の読み
	上 部	下 部	[cm]
加熱前	t_1=30.3	t_2=30.9	$S = 2.15$
加熱後	t_1'=96.6	t_2'=96.2	$S' = 9.15$

(13) 鏡 M の反射面と目盛尺との距離 L を巻尺で 1 mm まで測定する．

(14) 鏡の支持台の脚の間の水平距離 D(図 1 参照) を求める．ノギスを用いて，前脚と後脚の内側の距離 D_1 と外側の距離 D_2 を測定し，D_1 と D_2 の平均値を D とする．

(15) 試料の金属棒の長さ l を巻尺で 0.1 mm まで測る．

測定例 3

$$L = 129.7\,\mathrm{cm} = 1.297\times10^2\,\mathrm{cm}$$

$$D_1 = 2.665\,\mathrm{cm}$$

$$D_2 = 3.065\,\mathrm{cm}$$

$$l = 50.81\,\mathrm{cm} = 5.081\times10\,\mathrm{cm}$$

(16) 線膨張率 α を計算する．方法 (15) で測定した試料棒の長さ l は理論式 (8) における l_t とはわずかに異なるが，式 (8) の計算には l_t のかわりに l を使ってよい．温度を

$$t = \frac{t_1 + t_2}{2} \tag{9}$$

$$t' = \frac{t_1' + t_2'}{2} \tag{10}$$

として式 (8) に代入すれば，α は

$$\alpha = \frac{D(S' - S)}{Ll(t_1' + t_2' - t_1 - t_2)} \tag{11}$$

となる．この式を用いて α の値を求める (計算例参照).

計算例

$$
\begin{aligned}
D &= \frac{D_1 + D_2}{2} \\
&= \frac{2.665 + 3.065}{2} = 2.865\,\mathrm{cm} \\
\alpha &= \frac{D(S' - S)}{Ll(t'_1 + t'_2 - t_1 - t_2)} \\
&= \frac{2.865 \times (9.15 - 2.15)}{1.297{\times}10^2 \times 5.081{\times}10 \times (96.6 + 96.2 - 30.3 - 30.9)} \\
&= \frac{2.865 \times 7.00}{1.297 \times 5.081 \times 131.6{\times}10^3} \\
&= 2.312{\times}10^{-5} \\
&= 2.31{\times}10^{-5} \,/\, {}^\circ\mathrm{C}
\end{aligned}
$$

(17) 可能であれば二種類以上の試料について実験を行う．2 回目以後の実験では，実験を始める前の試料の温度と加熱室の温度が等しく，しかも，室温に近くなっている必要がある．そのために測定にはいる前に以下の 2 点を行う．

① 加熱室のふた B をはずして装置から加熱室をとりはずし，水道水を通して冷却する．次に，元どおりに装置をセットし，試料をセットしたのち 10 分間 ほど放置する．

② 測定条件を知るために，実験を始める直前に室温を測っておく．

結果例

アルミニウムの線膨張率　$\alpha = 2.31{\times}10^{-5} \,/\, {}^\circ\mathrm{C}$ (公値は $2.32{\times}10^{-5} \,/\, {}^\circ\mathrm{C}$)
銅の線膨張率　$\alpha = 1.69{\times}10^{-5} \,/\, {}^\circ\mathrm{C}$ (公値は $1.67{\times}10^{-5} \,/\, {}^\circ\mathrm{C}$)

検討　絶対誤差と相対誤差の評価

公値（159 ページ表 8.1）との絶対誤差と相対誤差を求めよ．

7　音叉の振動数 (メルデの実験)

1　目的

メルデの方法により弦を共鳴振動させて音叉の振動数を測定する.

2　理論

強く張られた自由にたわむことのできる，線密度 ρ の一様な弦を横波が伝わる場合を考える．簡単のため，弦の変位は小さく，張力 T は場所に依らず一定とし，かつ弦の線密度が小さい割に張力が大きいため重力の影響は無視できるものとする．以下では弦の張ってある方向を x 軸，変位の方向を y 軸とする.

いま図 1 のように弦上の任意の位置 A の座標を $(x,\ y)$ とする．また A から x 方向に dx だけ離れた弦上の位置を B とする.

この時，弦の微小な部分 AB の受ける力は張力 T のみである．A および B における接線が x 軸となす角をそれぞれ ϕ および $\phi+d\phi$ とすれば，微小部分の両端 A および B における張力 T の y 方向の成分は次のようになる.

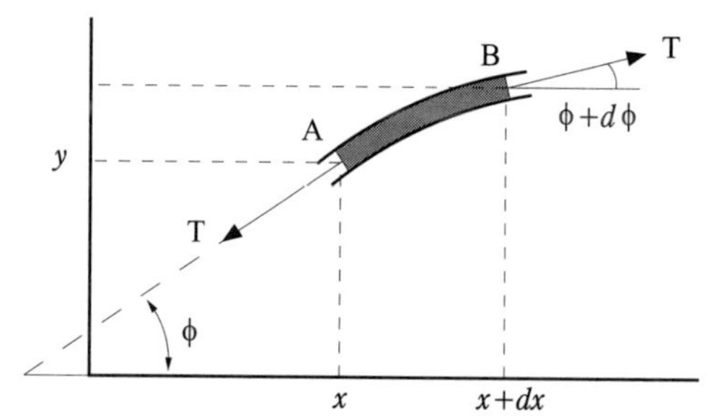

図 1　弦の微小領域における張力

$$T_y(x) = -T\sin\phi \tag{1}$$

$$\begin{aligned} T_y(x+dx) &= T\sin(\phi+d\phi) \\ &\approx T(\sin\phi + d\phi) \\ &= T\sin\phi + T\frac{\partial\phi}{\partial x}dx \end{aligned} \tag{2}$$

ただし，弦の変位が小さいことから ϕ, $d\phi$ は小さいと仮定している.

従って AB 部分の y 方向の運動方程式は，微小部分の AB の質量が ρdx であることから,

$$(\rho dx)\frac{\partial^2 y}{\partial t^2} = T_y(x+dx) + T_y(x) = T\frac{\partial\phi}{\partial x}dx \tag{3}$$

ところが $\phi \ll 1$ より $\phi \approx \tan\phi = \dfrac{\partial y}{\partial x}$ であるから，式 (3) は次のように変形される.

$$\frac{\partial^2 y}{\partial t^2} = \frac{T}{\rho}\frac{\partial}{\partial x}\left(\frac{\partial y}{\partial x}\right) = \frac{T}{\rho}\frac{\partial^2 y}{\partial x^2} \tag{4}$$

式 (4) は波動方程式の形をしており，この時の横波の伝わる速さ v は,

$$v = \sqrt{\frac{T}{\rho}} \tag{5}$$

である.

また弦の振動数を ν，波長を λ とすれば $v=\nu\lambda$ より，ν が次のように求まる．

$$\nu=\frac{v}{\lambda}=\frac{1}{\lambda}\sqrt{\frac{T}{\rho}} \tag{6}$$

両端を固定した弦では両端が節である定常波になり，節と節との距離を l とすれば，図2より

$$\lambda=2l \tag{7}$$

となる．

実験では弦を音叉の一方の枝につけて音叉を連続して振動させ，弦の張力 (または長さ) を調節して音叉に共振させる．このときの l から λ が求まり，T および ρ の値から振動数が求まる．ただし，図3のように音叉の枝の振動方向と弦とを平行にしたときは音叉の2振動に対して弦は1回だけ振動するので，音叉の振動数 ν_F は

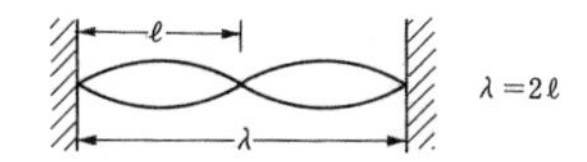

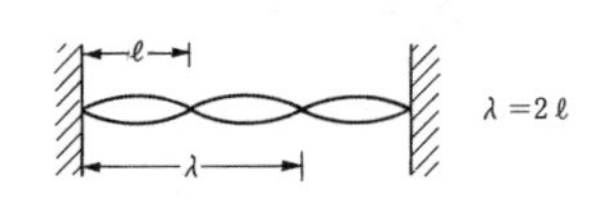

図2　定常波の波長と節の間隔

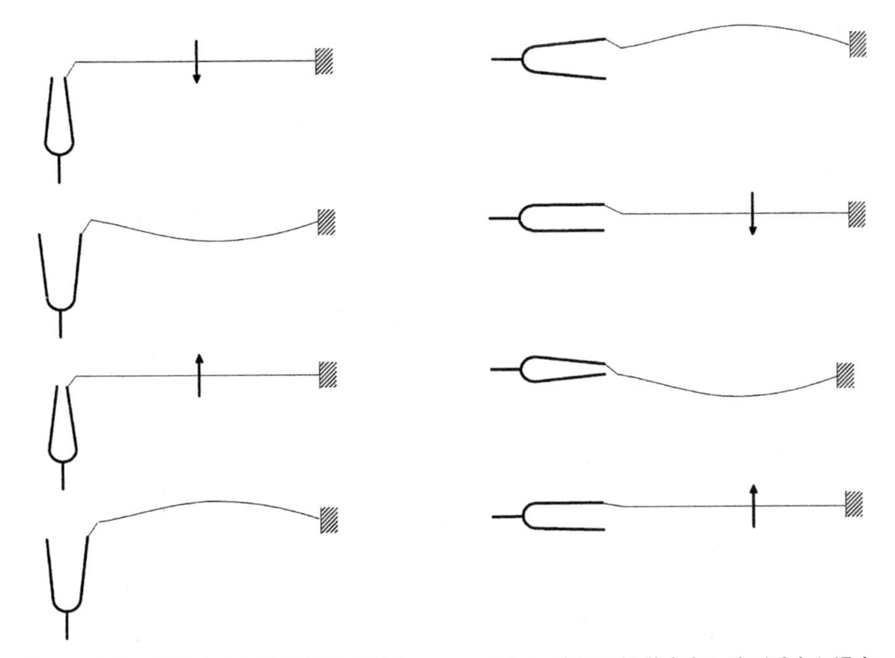

図3　音叉の振動方向と弦が平行な場合　　図4　音叉の振動方向と弦が垂直な場合

$$\nu_F=2\nu=\frac{2}{\lambda}\sqrt{\frac{T}{\rho}} \tag{8}$$

となる．

また，図4の場合は音叉の1振動に対して弦も1回振動するために，振動数 ν_F は

$$\nu_F=\nu=\frac{1}{\lambda}\sqrt{\frac{T}{\rho}} \tag{9}$$

である．

3 装置

メルデ (Melde) の装置 (図 5)，分銅，皿，糸

4 方法

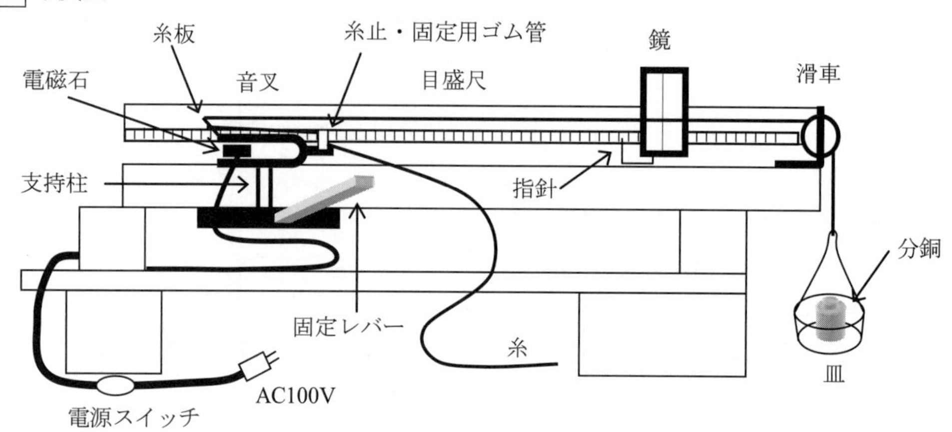

図 5　メルデの装置

(1) 固定レバーを図のように右側に倒し，支持柱をつまんで音叉を装置の左端までスライドさせる．そこで固定レバーを手前に引き，レバーを音叉と直角の方向にする．レバーをこの位置にすると音叉はスライドできない状態になる．

(2) 糸を糸巻きから適量ほどき，糸固定用ゴム管を通す．通した糸の先を糸板の穴の上面から通し，皿の針金フックに結び付ける．この糸を図 5 のように糸板の凹部と滑車の溝に掛け，皿を釣り下げる．

(3) 糸巻き側の糸を引き，皿が滑車から 1 cm くらい下がった位置に来るようにする．この状態で糸を固定するために，糸止に固定用ゴム管を差し込む．糸止から糸巻き側に 10 cm 程度の余裕を残して糸を切る．

(4) 電源スイッチが『切』になっているのを確認し，電源プラグをコンセントに差し込む．

(5) 皿 (質量 m') に適当な分銅 (質量 m) をのせ，電源スイッチを『入』にする．音叉は振動を開始する．固定レバーを右に倒し，支持柱をつまんで音叉の位置をゆっくり右にスライドさせ，弦の定常波ができる位置を探す．定常波の節は少なくとも 4 つ作る．

(6) 定常波ができたら，振幅 (腹部分の振動幅) が最大になるように，音叉の位置を左右に微妙にスライドさせる．振幅が最大になる音叉の位置が決まったら静かにレバーを直角に立てて音叉を固定する．この操作が実験の精度を決めるので納得のゆくまで細かく調整してから固定する．

(7) 定常波の節の位置 r_1, r_2, r_3, r_4 に鏡の標線を順次合わせ，指針が示す目盛尺の値を x_1, x_2, x_3, x_4 として読む (滑車に最も近い節を r_4 とする．図 6 参照)．この作業は次のように行う．測定する節の位置まで鏡を滑らせて行き，振動の節と標線 (鏡に刻んだ線) を一致させ，指針の先で目盛尺の目盛を読む．“一致させ” というのは，標線・節・「鏡に写る標線」の三つが重なって見えるように，目の位置と鏡の位置を調整することを意味する．

(8) 方法 (6)，(7) の操作を繰り返し，目盛尺の値 x_1, x_2, x_3, x_4 を同様に読む．測定値は測定例 1 にならって記録する．

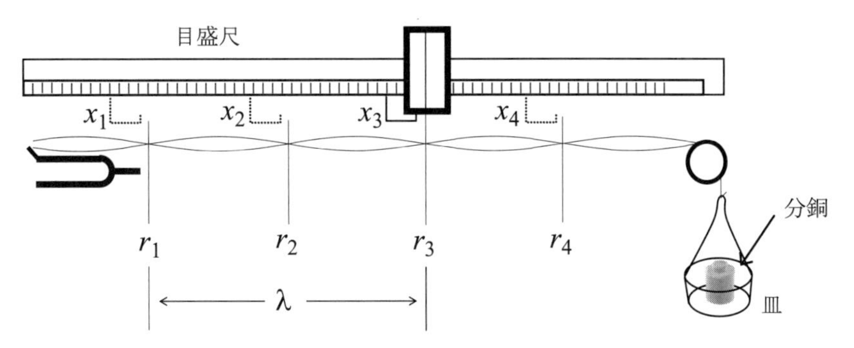

図 6　定常波の節の位置と目盛尺の値

測定例 1　節の位置の測定

回	x_1 [cm]	x_2 [cm]	x_3 [cm]	x_4 [cm]
1	21.76	41.16	60.27	79.75
2	21.62	41.24	60.28	79.57
3	21.32	40.93	60.16	79.45
4	21.37	40.73	60.00	79.43
5	21.69	41.00	60.03	79.47
平均	21.552	41.012	60.148	79.534

(9) 可能であれば，次に分銅をとりかえて同様の測定を行う．

(10) 糸の密度 ρ を測定するために糸を装置からはずし, その質量 m'' を電子天秤で 0.1 mg まで測る．糸が汗を吸わぬよう取り扱いに注意する．その後, 糸の長さ l'' を巻尺で mm 単位まで測る．($\rho = m''/l''$)

(11) 皿の質量 m' を電子天秤で測る．($T = (m + m')g$)

測定例 2

分銅の質量 $m = 49.9997\,\mathrm{g}$

皿の質量　$m' = 2.1832\,\mathrm{g}$

糸の長さ　$l'' = 163.5\,\mathrm{cm}$

糸の質量　$m'' = 0.5627\,\mathrm{g}$

(12) 各測定値を式 (9) に代入して，以下の計算例のように振動数 ν を計算する．重力加速度 g は，$g = 9.797\not{3}\not{6}$ (訂正: 4) $\mathrm{m/s^2}$ を用いる．

計算例

$$\lambda_1 = x_3 - x_1 = 60.148 - 21.552 = 38.596\,\mathrm{cm}$$

$$\lambda_2 = x_4 - x_2 = 79.534 - 41.012 = 38.522\,\mathrm{cm}$$

$$\lambda = \frac{\lambda_1 + \lambda_2}{2} = 38.559\,\mathrm{cm}$$

$$
\begin{aligned}
\therefore\ \nu &= \frac{1}{\lambda}\sqrt{\frac{T}{\rho}} \\
&= \frac{1}{\lambda}\sqrt{\frac{(m+m')g}{m''/l''}} \\
&= \frac{1}{\lambda}\sqrt{\frac{(m+m')gl''}{m''}} \\
&= \frac{1}{38.559}\sqrt{\frac{(49.9997+2.1832)\times 979.74\times 163.5}{0.5627}} \\
&= 99.9\overset{6}{\cancel{5}}\cancel{7} = 99.96\,\mathrm{Hz}
\end{aligned}
$$

結果例　音叉の振動数 $\nu = 99.96\,\mathrm{Hz}$

検討　絶対誤差と相対誤差の評価

公値との絶対誤差と相対誤差を求めよ．公値は関東地方の電力周波数 50.0 Hz から計算する点に注意せよ．

8 音叉の振動数(共鳴管)

1 目的

気柱の共鳴を利用して音叉の振動数を測定する.

2 理論

一端を閉じた管の口で音叉を鳴らすと，その振動数が管内の気柱の固有振動数と一致したとき共鳴する．図1のように，水を入れた管を鉛直に立て，管の上で振動数 ν の音叉を鳴らしながら，水面を上から下に静かに移動させる．最初に共鳴が起こる位置 (第一共鳴点) の目盛の読み x および次に共鳴が起こる位置 (第二共鳴点) の目盛の読み y を求めると波長 λ は次式より求まる.

$$y - x = \frac{\lambda}{2}$$

これより

$$\lambda = 2(y - x) \tag{1}$$

管内の音速を V とすると

$$V = \nu\lambda \tag{2}$$

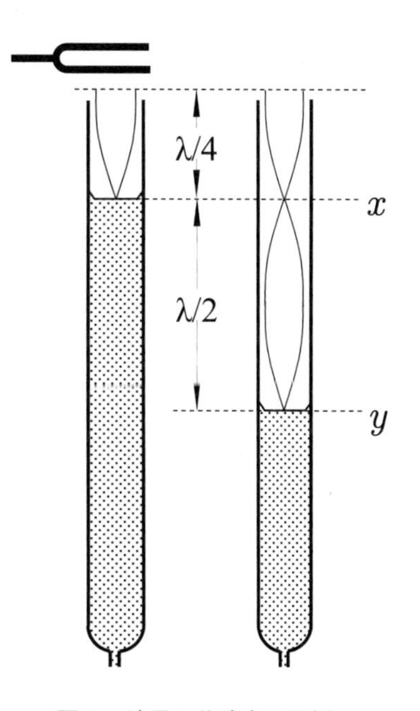

図1　波長と共鳴点の関係

となる．ところで，音速は空気の温度，湿度の影響を受ける．さらに管内では壁とのまさつの影響を受けるが，この影響はきわめて小さく無視できる.

さて，0 °C で乾燥した空気中の音速を V_0，管内温度を t [°C]，管内の水蒸気圧を e，気圧を p とすると，管内の音速 V は

$$V = V_0\left(1 + \frac{t}{273.15}\right)^{1/2}\left(1 + \frac{3}{16}\cdot\frac{e}{p}\right)$$

となる．$V_0 = 3.3145\times10^4$ cm/s とし，$(1 + x)^{1/2} \approx (1 + x/2)$ の近似を用いると

$$V \approx 3.3145(1 + 0.001830\cdot t)\left(1 + \frac{3}{16}\cdot\frac{e}{p}\right)\times 10^4 \text{ [cm/s]} \tag{3}$$

管内は t [°C] の飽和水蒸気で満たされていると考えられるから，e としては t [°C] の飽和水蒸気圧をとればよい．式 (1),(2),(3) から ν [Hz] は次のようになる.

$$\nu = \frac{V}{\lambda} = \frac{V}{2(y - x)} = \frac{3.3145(1 + 0.001830t)\left(1 + \dfrac{3}{16}\cdot\dfrac{e}{p}\right)\times 10^4}{2(y - x)} \text{ [Hz]} \tag{4}$$

3 装置

共鳴管 (図 2)，音叉，ゴム槌，温度計，気圧計

4 方法

(1) 音叉に刻印された振動数の公値を記録する．

記録例

音叉の振動数の公値　368.2 Hz

(2) 室温 t_1 [°C] と気圧 p_1 [mmHg] を測り，測定例 2 のようにまとめる．必要であれば，気圧の単位の関係 1 mmHg=1.33322 hPa を用いる．

(3) 水槽を上げて水面を管の上端近くまで上げておき，振動させた音叉を管の上端から約 1 cm 程度の近くに置く．水槽をかなり速く下げると管の水面が第一共鳴点を通過するとき急に音が強まる．その位置を確かめておく．

(4) さらに水面を下げると，第一共鳴点 x からほぼ $2x$ ほど下に第二共鳴点がある．その位置を確かめておく．

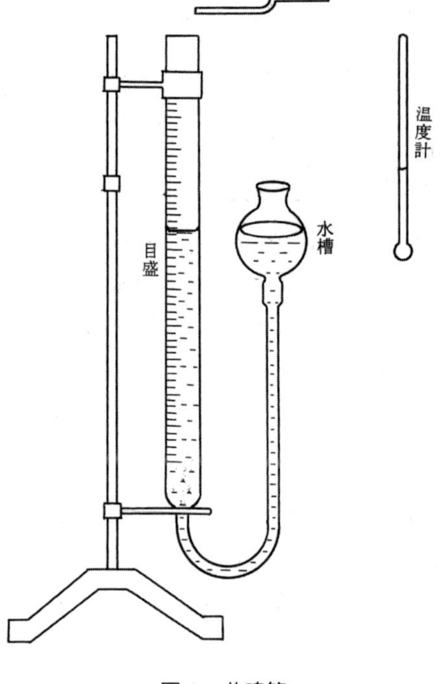

図 2　共鳴管

(5) 次に改めて第一共鳴点の位置をくわしく調べる．まずその付近で水面をゆっくりと下げながら共鳴点 x_1 を読む (水面をあまりゆっくり動かすと共鳴がわかりにくい．また水面をあまり速く動かすと読みが不正確になる)．

(6) 次に水面を上げながら共鳴点を読み，これを x_2 とする．

(7) 同様にして水面を交互に上下させ，順次に x_3，x_4，$\cdots$，x_{10} を読む．

(8) それを平均して x を求める．

(9) 次に同じ要領で第二の共鳴点の位置 y_1，y_2，$\cdots$，y_{10} を読み，それを平均して y を求める．結果は測定例 1 にならってまとめる．

測定例 1　共鳴点の測定

回数	第一共鳴点 x [cm]		第二共鳴点 y [cm]	
	水面を下げるとき	水面を上げるとき	水面を下げるとき	水面を上げるとき
1	$x_1 = 22.7$	$x_2 = 22.5$	$y_1 = 69.0$	$y_2 = 68.6$
2	$x_3 = 22.6$	$x_4 = 22.3$	$y_3 = 69.1$	$y_4 = 68.7$
3	$x_5 = 22.5$	$x_6 = 22.4$	$y_5 = 69.3$	$y_6 = 68.9$
4	$x_7 = 22.7$	$x_8 = 22.5$	$y_7 = 69.2$	$y_8 = 69.0$
5	$x_9 = 22.6$	$x_{10} = 22.2$	$y_9 = 69.4$	$y_{10} = 69.0$

第一共鳴点の平均 $x = 22.50\,\mathrm{cm}$　　第二共鳴点の平均 $y = 69.02\,\mathrm{cm}$

$y - x = 46.52\,\mathrm{cm}$

(10) 室温 t_2 [°C] と気圧 p_2 [mmHg] を測り t_1, t_2 及び p_1, p_2 の平均値 t 及び p を求める.

測定例 2 室温及び気圧の測定

	室温 [°C]	気圧 [mmHg]
測定前	$t_1 = 16.4$	$p_1 = 760.4$
測定後	$t_2 = 16.7$	$p_2 = 759.6$
平均値	$t \ = 16.6$	$p = 760.0$

(11) 気圧 p, 室温 t [°C] での飽和水蒸気圧 e を求める.

計算例 1 飽和水蒸気圧の計算

t =16.6 °C での飽和水蒸気圧 e は p.159 付表 9.1,9.2 より内挿法を用いて

$$
\begin{aligned}
e &= 13.63 + (14.53 - 13.63) \times \frac{0.6}{1.0} \\
&= 13.63 + 0.5 \\
&= 14.1\,\mathrm{mmHg}
\end{aligned}
$$

[注意] 飽和水蒸気圧については基礎実験 I を参照.

(12) 気圧, 飽和水蒸気圧, 室温を理論式 (3) に代入して, 共鳴管内の音速 V を求める.

計算例 2 音速の計算

$t = 16.6$ °C, $p = 760.0$ mmHg, $e = 14.1$ mmHg での音速 V は式 (3) より

$$
\begin{aligned}
V &= 3.3145(1 + 0.001830 \cdot t)\left(1 + \frac{3}{16} \cdot \frac{e}{p}\right) \times 10^4 \\
&= 3.3145(1 + 0.001830 \times 16.6)\left(1 + \frac{3}{16} \cdot \frac{14.1}{760.0}\right) \times 10^4 \\
&= 3.3145(1 + 0.0304)(1 + 0.00348) \times 10^4 \\
&= (3.3145 + 0.101)(1 + 0.00348) \times 10^4 \\
&= 3.416(1 + 0.00348) \times 10^4 \\
&= (3.416 + 0.0119) \times 10^4 \\
&= 3.428 \times 10^4\,\mathrm{cm/s}
\end{aligned}
$$

(13) $y - x$, 音速 V を理論式 (4) に代入して音叉の振動数を求める.

計算例 3 音叉の振動数

$$
\begin{aligned}
\nu &= \frac{V}{2(y - x)} = \frac{3.428 \times 10^4}{2 \times 46.52} \\
&= 368.44\,\mathrm{Hz} = 368.4\,\mathrm{Hz}
\end{aligned}
$$

結果例 音叉の振動数 $\nu = 368.4$ Hz (公値は 368.2 Hz)

検討 絶対誤差と相対誤差の評価

公値 (音叉に刻印された振動数) との絶対誤差と相対誤差を求めよ.

9 屈折率

1 目的

(1) 分光計を用いてプリズムの頂角及び最小ふれ角を測定し，プリズムの屈折率を求める.

(2) 屈折率と波長の関係を調べる.

2 理論

(1) プリズムの屈折率

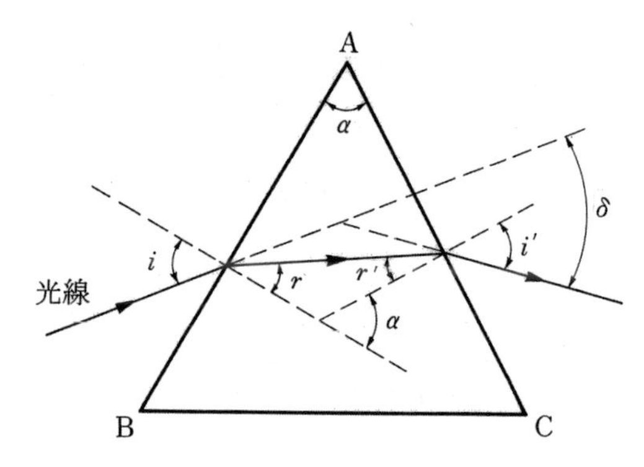

図 1　プリズムによる屈折

頂角 α のプリズム ABC を単色光が通過するとき，AB 面，AC 面での入射角，屈折角を図 1 のようにそれぞれ i, r, r', i' とする．また，入射方向に対する射出方向のふれ角を δ とする．このとき屈折率 n は，屈折の法則 (Snell の法則) により

$$n = \frac{\sin i}{\sin r} = \frac{\sin i'}{\sin r'} \tag{1}$$

の関係がある．また，

$$r + r' = \alpha \tag{2}$$

$$\begin{aligned}\delta &= (i - r) + (i' - r') \\ &= (i + i') - \alpha\end{aligned} \tag{3}$$

の関係がある．従って式 (1)，(2)，(3) から r, r', i', δ はそれぞれ i の関数と考えられる．そこで，δ の極小値 (最小ふれ角 δ_m) は $\dfrac{d\delta}{di} = 0$ の条件を満たすときの r, r', i, i' によってきまる.

$$\frac{d\delta}{di} = 1 + \frac{di'}{di} - \frac{dr}{di} - \frac{dr'}{di} = 0 \tag{4}$$

また式 (1) より

$$n\cos r\frac{dr}{di} = \cos i\ , \qquad n\cos r'\frac{dr'}{di} = \cos i'\frac{di'}{di} \tag{5}$$

となり，式 (2) から

$$\frac{dr}{di} + \frac{dr'}{di} = 0 \tag{6}$$

となる．ここで式 (4) に式 (6) を代入すると

$$\frac{d\delta}{di} = 1 - \frac{\cos r'}{\cos r}\cdot\frac{\cos i}{\cos i'} = 0 \tag{7}$$

すなわち

$$\cos i \cdot \cos r' = \cos i' \cdot \cos r \tag{8}$$

となり

$$r = r', \quad i = i'$$

となる．

これは光線がプリズムの中をBC面と平行に通過することを意味し，この状態が最小ふれ角のプリズムの位置である．したがって最小ふれ角 δ_m のとき

$$r = \frac{\alpha}{2}, \qquad \delta_m = 2(i - r) \tag{9}$$

故に，

$$i = r + \frac{\delta_m}{2} = \frac{\alpha + \delta_m}{2} \tag{10}$$

となり，屈折率 n は，

$$n = \frac{\sin i}{\sin r} = \frac{\sin[(\alpha + \delta_m)/2]}{\sin \frac{\alpha}{2}} \tag{11}$$

となる．

従ってプリズムの頂角 α と最小ふれ角 δ_m を測定すれば，屈折率が求まる．

(2) 屈折率と波長の関係

(1) では単色光について述べてきたが，光が物質で屈折するときその屈折率は，物質によって異なるのみならず，同一の物質であっても光の色 (波長) によっても異なる．この現象が起こるのは，その波長 (振動数) でその物質を構成する原子や分子が共鳴を起こすためである．光学ガラスでは，狭い波長領域 (可視光領域) でハルトマン (Hartmann) の分散式が成立しており

$$n = n_0 + \frac{c}{(\lambda - \lambda_0)^p} \qquad (n_0, c, \lambda_0, p \text{ は定数}) \tag{12}$$

のように表される．一般には，p=1 すなわち

$$n = n_0 + \frac{c}{\lambda - \lambda_0} \tag{13}$$

としてよい．

3 装置

分光計 (コリメータ，望遠鏡を含む) 一式 (図 2(a))，線スペクトル光源装置一式 (図 2(b))，プリズムホルダー，カドミウムランプ，試料：ガラスプリズム (重フリントガラス)

分光器の準備と調整

(オート・コリメーションの原理)

分光計の望遠鏡には，特殊な接眼鏡がついており，この接眼鏡によって Gauss 型と Abbe 型の二種類がある．本実験では Gauss 型を使用する．Gauss 型 (図 3(a)) は，接眼鏡の側穴から半反射プリズムにより豆ランプの光を照射すると，光は望遠鏡内の十字線を照らす．もし望遠鏡の焦点が無限遠に調整されているならば，平行な光束として出ていく．その光は望遠鏡の光軸に垂直な反射面があれば，同じ光路の逆をたどり，再び望遠鏡に入り十字線の面上に上下，

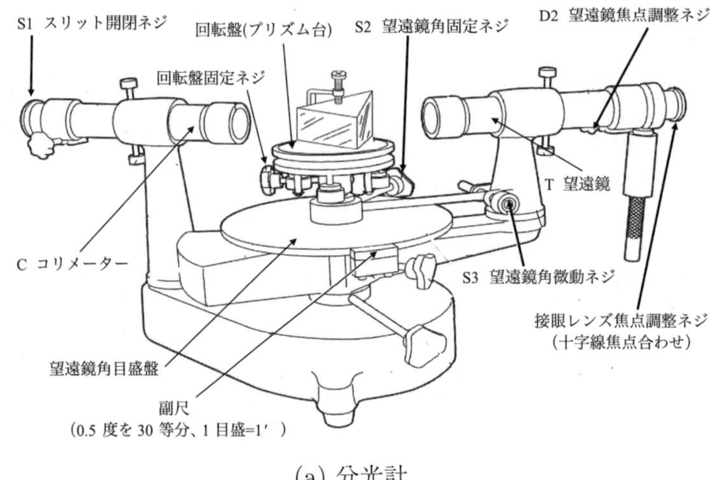

(a) 分光計

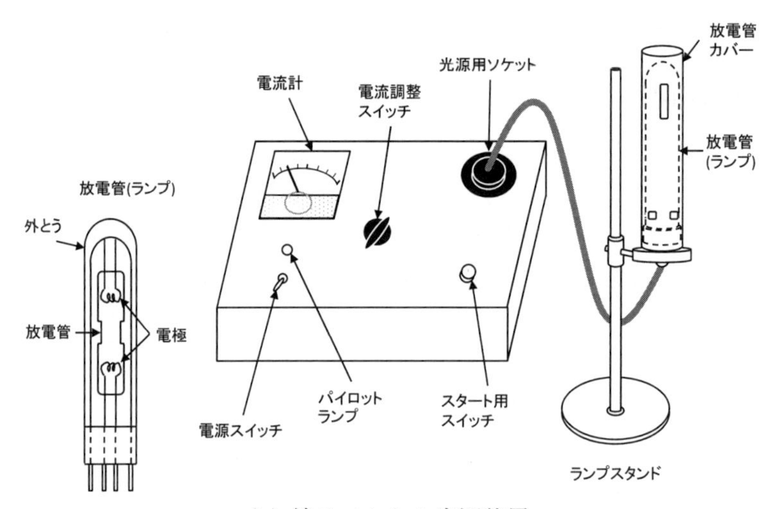

(b) 線スペクトル光源装置

図 2　(a) 分光計，(b) 線スペクトル光源装置

左右の転倒した十字線の実像ができる．従って十字線とその反射像が一致すれば，望遠鏡は無限遠に調整され，同時に光軸と反射面と垂直に調整されたことになる．

この様に物体 (十字線) から出た光を反射させて逆方向に戻し物体自身の位置に像を結ばせる手続きをオート · コリメーションという．なお，本実験では，あらかじめ調整してあるので不必要な部分はさわらないこと．

4 方法

光源，望遠鏡，コリメータの調整

光源，望遠鏡，コリメータの調整および操作は，実験精度に影響するのでよく理解して行う．

(1) ランプスタンドのカバーを外して，カドミウムランプを差込み，カバーをかぶせる．こ

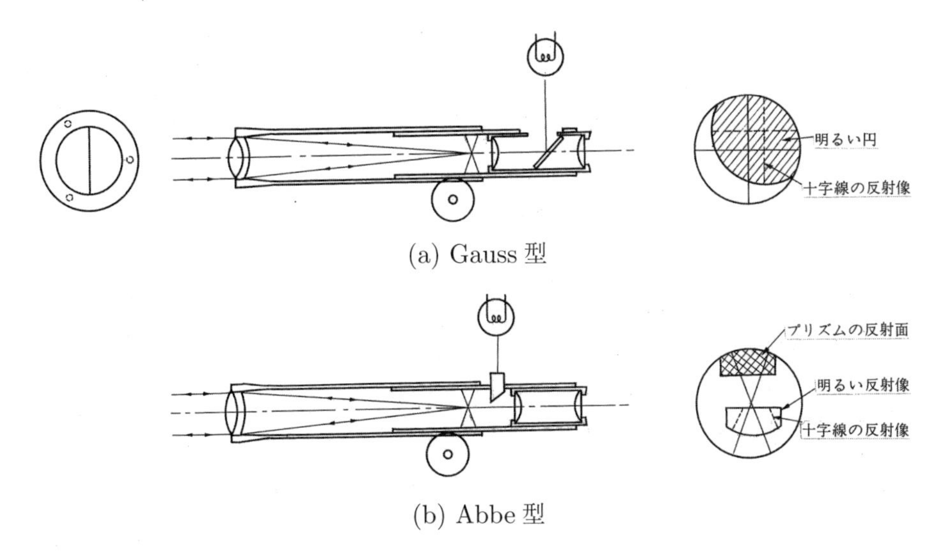

(a) Gauss 型

(b) Abbe 型

図 3　オート・コリメーションの原理

のとき，ランプの中にある針金がカバーの窓に来ないよう気をつける．

(2) 電源装置のスイッチを入れ，電流調整ダイヤルを 5〜6 目盛にして起動ボタンを 2〜3 秒間押すとランプが点灯する．放電開始直後は，光は弱いが数分経てば強く発光する．

(3) 放電管カバーの窓がコリメータに合うようにスタンドの高さを調整する．

(4) 調整された望遠鏡をランプと同一直線上に置く，図 2(a) の望遠鏡をのぞき，コリメータ側の S_1 のネジでスリットを約 1 mm に開く．

(5) スリットの像が明瞭に見えるように図 2(a) の望遠鏡のネジ D_2 を調整する．

(6) 接眼レンズを出し入れして十字線が明瞭に見えるようにする．十字線が見えにくい場合には，電気スタンドの光をわずかに入れると見やすくなる．

実験 1．プリズムの頂角 α の測定

光源からの光を，図 4(a) の様にプリズムの頂角をはさんで両面で反射させる．その反射光の，各々の角度 θ_1, θ_2 を測定し頂角 α を求める．手順は以下の通り．

(1) 測定するプリズムをプリズムホルダーに軽く固定し，測定すべき頂角を光源の方向に向け回転盤の上におく．このとき，図 4(a) のように頂角を回転円盤の中心付近の位置におく．プリズムを置く位置によって光が見付からない場合がある (図 4(b))．

(2) 望遠鏡の側からプリズムをのぞくと，頂角の付近にコリメータの調整の時に見えた反射光の像が見える．目のほうが望遠鏡より視野が広いので肉眼で探すと容易に見付かる．それでも見付からないときは，顔をプリズムの 10〜15 cm ぐらいのところまで近づけ，反射光を探すとよい．

(3) 像を見付けたら像を視線からはなさず，目の位置に望遠鏡を移動させると簡単にその像が望遠鏡の視野に入る．

(4) 反射光の像を望遠鏡の十字線の交点と正確に一致させるためには，図 2(a) のネジ S_2 で固定し，S_3 のねじで微調整すれば簡単に一致する．

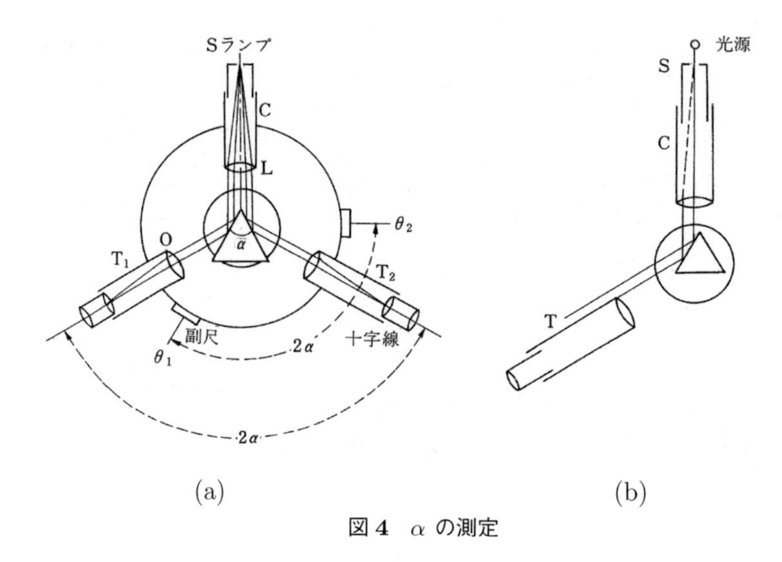

(a)　　(b)

図4　α の測定

(5) 角 θ_1 を，副尺を用いて $1'$ まで読み記帳する．

[注意] 角度の読みは60進法である．副尺の零線が主尺の1/2度の線を越えているときは副尺の読みに各々 $30'$ を加える．

(6) 一方の角 θ_1 を測定したらプリズムを絶対に動かさずに，反対面の反射光の角 θ_2 を θ_1 と同様に測定する．一組の θ_1，θ_2 を測ったら直ちに計算し，$|\theta_1 - \theta_2|$ が $120°00'$ に近いことを確かめる．

(7) 一組の測定が終了したのちプリズムの位置を少し動かし (5)，(6) と同様の測定を3回繰り返して行う．

(8) 測定が終了したら $\theta_1 - \theta_2$ の平均値を出して α を求める．

測定例1　頂角 α の測定

回	θ_1	θ_2	$\theta_1 - \theta_2$
1	$252°12'$	$132°10'$	$120°02'$
2	$266°57'$	$146°54'$	$120°03'$
3	$247°47'$	$127°46'$	$120°01'$

$\theta_1 - \theta_2$ の平均値 $120°02'$

$$\alpha = \frac{\theta_1 - \theta_2}{2} = 60°01'$$

実験 2．最小ふれ角 δ_m の測定

カドミウムランプの光をプリズムで屈折させると赤，緑，青$_1$，青$_2$，紫 の5本のスペクトル線がはっきり見える．各色の最小にふれる位置 ψ_1, ψ_2 を測定し，各色に対応する δ_m を求める．

(1) プリズムを図5(a)のようにおいてコリメータから出た光を屈折させる．

(2) この屈折光を実験1の(2)と同様に肉眼でみると美しい5本のスペクトル線が見える．このスペクトル線を見ながら回転盤を右(または左)に静かに回すとスペクトル線の像が右(または左)に移動する．

(3) この回転盤の回転角を大きくして行くと，ある限界点で回転盤を同じ方向に回しているにもかかわらず，スペクトル線の移動は停止して，ついで逆の方向に移動しはじめる．

(4) このスペクトル線の移動が逆転するところが最小ふれのおおよその位置である．

(5) ここで，再び実験1の (3) と同様にスペクトル線を望遠鏡の視野に入れ，改めて回転盤を静かに回して，まず赤色のスペクトル線の最小ふれとなる位置を精確に決定する．

(6) 実験1の (4)，(5) と同様にして赤色の最小ふれ角 ψ_1 を測定する．

(7) 赤線の測定が終ったらプリズムを動かさずに望遠鏡だけを移動させ微調整しながら緑，青 $_1$，青 $_2$，紫の最小ふれ角 ψ_1 を測定する．

(8) 図5(a) のプリズム面での測定が終了したら次に図5(b) のようにプリズムを移動させる．

(9) ψ_1 の測定で行ったと同様の手順で各色のスペクトル線の最小ふれ角 ψ_2 を測定する．

(10) 各色について測定例2のような表を作成する．ψ_1 と ψ_2 の差を求め，平均値を出し，例にならって δ_m を求める．

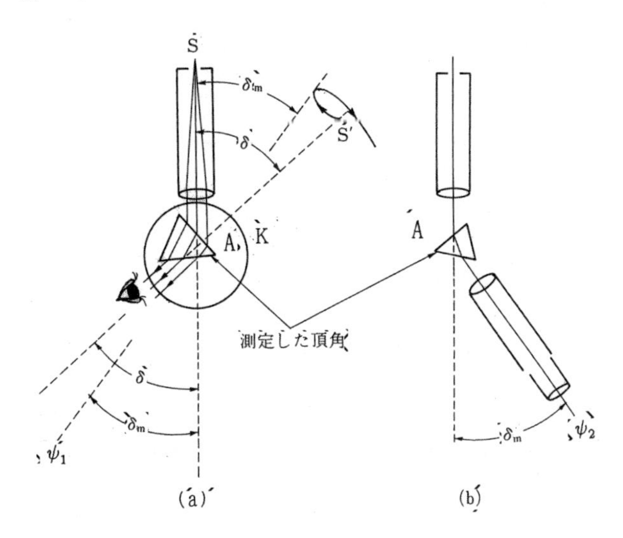

図5 δ_m の測定

測定例2　赤色の最小ふれ角 δ_m

回	ψ_1	ψ_2	$\psi_1-\psi_2$
1	$141°56'$	$26°21'$	$115°35'$
2	$141°54'$	$26°21'$	$115°33'$

$\psi_1-\psi_2$ の平均値 $115°34'$

$$\delta_m = \frac{\psi_1-\psi_2}{2} = 57°47'$$

緑，青 $_1$，青 $_2$，紫についても赤と同様に δ_m の測定を行う．

計算例　屈折率

$$\alpha = 60°01'$$

$$\delta_m = 57°47'$$

$$\alpha+\delta_m = 117°48'$$

$$(\alpha+\delta_m)/2 = 58°54'$$

$$\alpha/2 = 30°01'$$

$$\sin 58°54' = 0.8563$$

$$\sin 30°01' = 0.5003$$

$$n = \frac{\sin[(\alpha+\delta_m)/2]}{\sin(\alpha/2)} = \frac{0.8563}{0.5003} = 1.7115$$

緑，青 $_1$，青 $_2$，紫についても同様の計算を行う．

(11) 計算例を参照して屈折率を計算し，以下のような表にまとめる．$_{48}$Cd が発する輝線スペクトルの色と波長は下表の通りである．

$_{48}$Cd	赤	緑	青 $_1$	青 $_2$	紫
波長 [nm]	643.8	508.6	480.0	467.8	441.5
屈折率 n	1.712	****	****	****	****

検討　絶対誤差と相対誤差の評価

赤 (643.8 nm) と青 $_1$ (480.0 nm) での屈折率について，公値 (表 1 参照) に対する絶対誤差と相対誤差を求めよ．

表 1　光学ガラスの波長と屈折率 (重フリント硝子 SF1 の公値)

波長 [nm]	768.2	643.8	589.3	486.1	480.0	435.8	404.7
屈折率 n	1.703	1.711	1.717	1.735	1.736	1.749	1.762

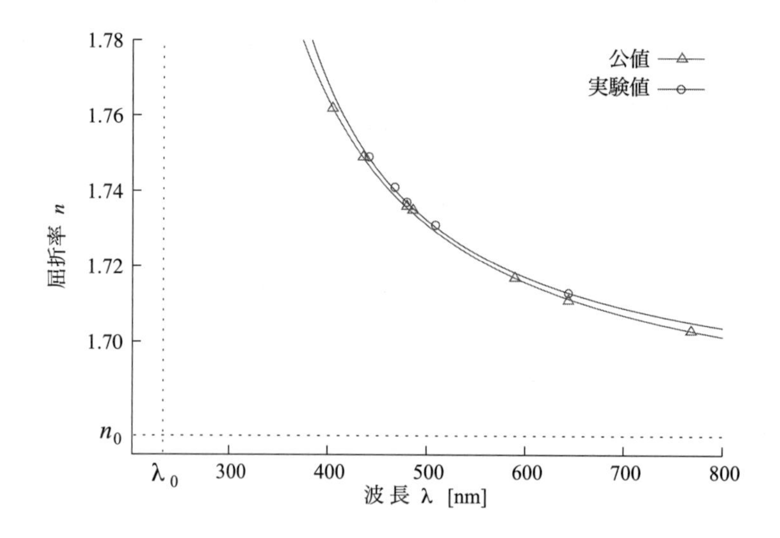

図 6　波長と屈折率の関係

10 放射エネルギーと温度

1 目的

光(ひかり)高温計を用いて高温物体の温度を測定することにより，物体の放射エネルギーと絶対温度との間に成り立つ関係を学ぶ.

2 理論

(1) 黒体の放射エネルギーと温度；プランクの法則

物体が高温になると赤から青白くなり輝きを増す．このような物体の放射する電磁波のエネルギーは，黒体 (電磁波を 100 % 吸収する物体) という理想化された物体の放射するエネルギーをもとにして考えられる．仮想物体である黒体は現実には存在しないが，物体中のうつろな空間内 (空洞) に存在する電磁波は，黒体の放射する電磁波と同じ性質を持っている.

1900 年にプランク (Planck) は，黒体における電磁波 (放射) のエネルギーと波長の関係を導き出した (章末 [参考] 参照)．波長 λ, 絶対温度 T における放射の強度 $I(\lambda, T)$ を表すプランクの公式は，

$$I(\lambda, T) = \frac{2\pi c^2 h}{\lambda^5} \frac{1}{e^{hc/\lambda kT} - 1} \tag{1}$$

と表される．ここで c, h, k はそれぞれ，光速，プランク定数，ボルツマン定数を表す.

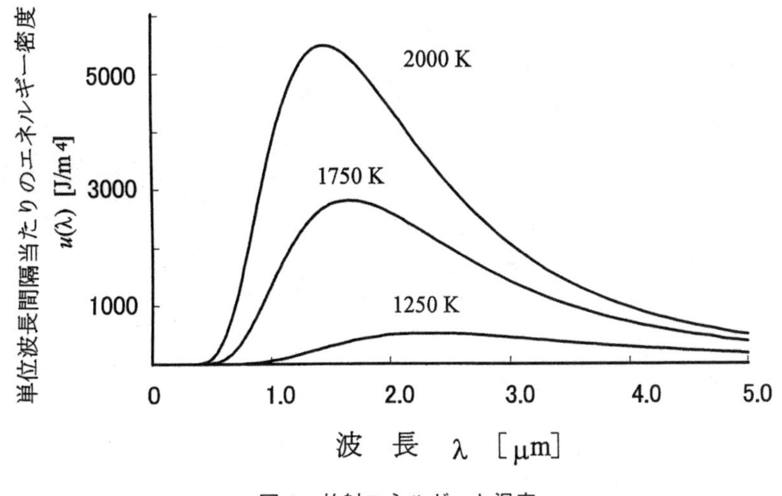

図 1 放射エネルギーと温度

式 (1) をプロットしたものが図 1 で，それぞれの曲線は異なる温度の黒体から放射される電磁波の強度の波長依存性を示している．図 1 より，物体の放射する電磁波の，波長当たりのエネルギーがピークになる波長はその温度に反比例する，すなわち温度が高いほど短い波長側に移動することがわかる.

表面温度が約 6000 K の太陽から発せられる光の波長分布は黒体輻射に近く，人が見る可視光 (およそ $0.38\,\mu$m (紫)$\sim 0.77\,\mu$m (赤)) の間にピークがある．また，星の表面温度が高いほど波長のピークは青紫にずれるために，青白く光る星は赤い星より温度が高い．一方，我々の宇宙は 2.73 K の輻射で満たされている (電波観測による) ことはよく知られている．

(2) 放射の全エネルギーと温度の関係; シュテファンの法則

ある温度の放射エネルギー強度を波長について足し合わせると，絶対温度 T の黒体から放射される電磁波の全エネルギー E_b が求まる．この値は絶対温度 T の 4 乗に比例し，シュテファンの法則と呼ばれる．

$$E_b(T) = \sigma T^4 \tag{2}$$

σ はシュテファン・ボルツマン定数，$E_b(T)$ は絶対温度 T の黒体の表面 $1\,\mathrm{m}^2$ から 1 秒間に放射される電磁波の全エネルギーである．

最大強度を与える波長は温度とともに短くなる．はるか遠くの星の色 (波長) の観測によって星の表面温度を知ることができる．太陽は黄色であることから表面温度は約 6000 K と分かる．

(3) 光高温計による温度測定

この実験では，黒体の代わりに (高温) 物体として電球のフィラメントを使用する．フィラメントからの全放射強度 $E(T)$ は消費電力 W に比例すると考えてよく，

$$E(T) \propto W \tag{3}$$

が成り立つ．

また，この実験では，(高温) 物体の温度を測定する装置として光高温計を用いる．光高温計は，ある光の波長 λ での物体の放射強度 (ある色での明るさ) と装置に内蔵されている基準電球のフィラメントの放射強度とを比較することにより，物体の温度を測定することができる．光高温計で読み取った温度は波長 λ での輝度温度と呼ばれ，測定対象が黒体の場合に正しい温度を示すようになっている．よって一般の物体については，真の温度を得るために，輝度温度に補正をほどこさなければならない．

物体の表面に入射する波長 λ，温度 T の放射エネルギーを吸収する割合を吸収率と呼び $a(\lambda, T)$ と表す．すると，吸収率 $a(\lambda, T)$ と物体の真の温度 T，輝度温度 S の間には次の関係が成り立つ．

$$\ln a(\lambda,\ T) = \frac{hc}{\lambda k}\left(\frac{1}{T} - \frac{1}{S}\right) \tag{4}$$

黒体の場合は $T = S$ となり吸収率 $a(\lambda, T)$ は 1 となる．一方，黒体でない物体の場合，真の温度 T を求める為には輝度温度 S を測定して式 (4) の補正が必要となる．

3 装置

光高温計 (図 2(a))，スタンド，交流電圧計，交流電流計，スライダック

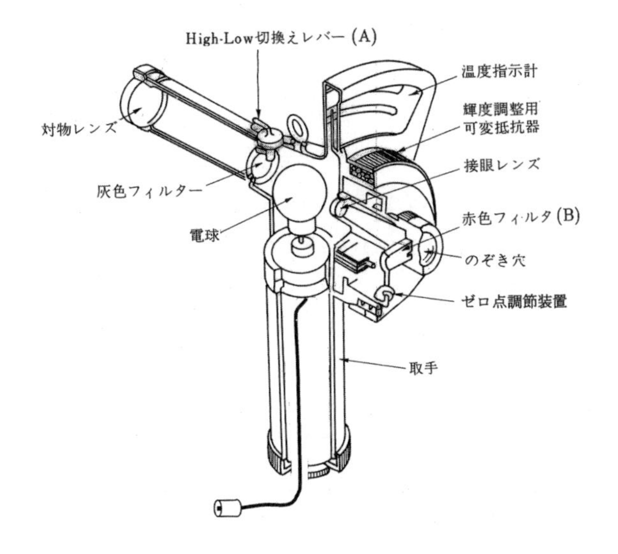

(a) 光高温計

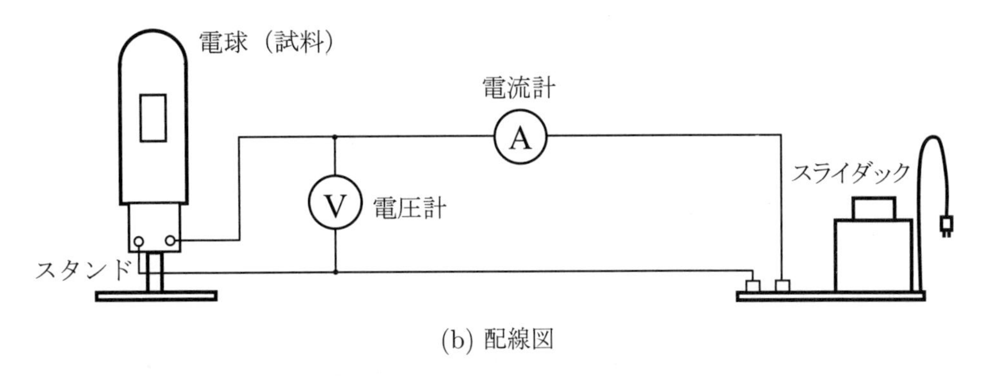

(b) 配線図

図 2　(a) 光高温計，(b) 配線図

4 方法

(1) 図 2(a) の光高温計のぞき穴から赤色フィルター (図 2(a) の B) を除いて電球フィラメントの像が見えるようにした後，接眼レンズを調節し，光高温計の M 字型内蔵フィラメントに焦点を合わせる．

(2) 電球 (図 2(b)) と光高温計の位置を約 1 m 離し，光高温計の M 字型フィラメントの中央部分と電球のフィラメントの中央部分が重なるように微調整する．

(3) 電流計，電圧計，電球およびスライダックを図 2(b) のように接続した後，電圧 3.0 V で，電球のフィラメントが輝くことを確認する．

(4) 光高温計のダイヤルが零になっていることを確認し，光高温計の電源を入れる．H-L 切り換えレバー (図 2(a) の A) を L にして接眼部分の赤色フィルター (図 2(a) の B) を入れ，フィラメントが赤く見えることを確認する．その後，対物レンズを出し入れして，スタンド内フィラメントがはっきり見えるようにする．

[注意] 赤色フィルターは，輝度の比較を波長が 0.65 μm の単色光で正確に行うためのも

のであり，かつ，強烈な光から目を守るためのものである．強い光を直接見ないようにすること．

(5) スライダックを用いて電圧を 3.00，4.00，$\cdots$ と 1.00 V ずつ 9.00 V まで上げる．各電圧で光高温計の内蔵フィラメントの中央部分 (最高温度になる部分) と電球のフィラメントの明るさを合わせ，そのときの電流 I [A] および光高温計で読み取った輝度温度 s [°C] を測定例にならい記録する．二つのフィラメントが最も見分けにくくなったところが，明るさの合ったところである．

[**注意 1**] 測定の際には常にフィラメントにピントが合っていること及び測定部位が変わっていないことを確認する．

[**注意 2**] 輝度温度 s が 1200 °C を超えた場合は H–L 切り換えレバー (図 2(a) の A) を H に切り換える (灰色フィルターをいれる)．この時，輝度温度は下段の温度目盛りを読む．

(6) 電圧が 9.00 V になるまで測定した後，電圧を 1.00 V ずつ下げながら同様の測定をする．

(7) 測定が終了したら直ちに光高温計のダイヤルを零に回し，スライダックの目盛りも零にする．必要のないときは光高温計に電流を流さない．

(8) 測定値は測定例のようにまとめる．なお，試料の電球のフィラメントはタングステンでできており，完全な黒体とは見なせず，輝度温度 s は真の温度 t [°C] よりも少し低い．フィラメントの真の温度 t [°C] を求めるには，測定値 s [°C] に式 (4) から求まる補正値

$$t - s = T - S$$

を加える．ここでは補正値を図 3 から読み取る．

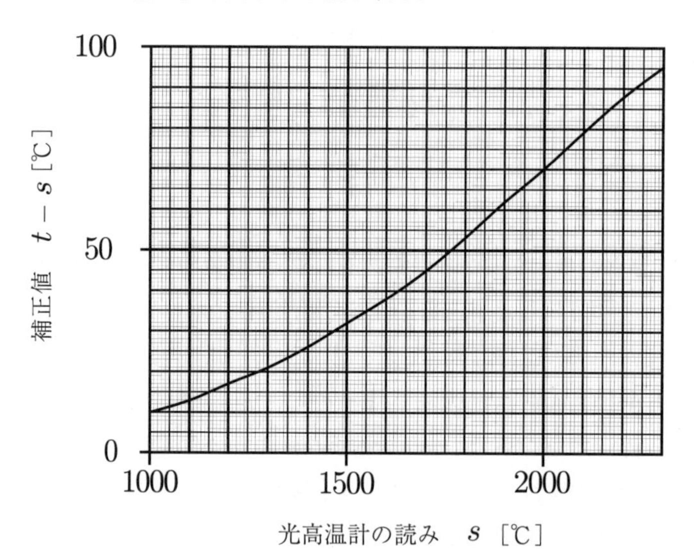

図 3　温度補正値

測定例 電圧，電流と輝度温度の測定

電圧 V [V]	電流 I [A]			輝度温度 s [°C]			補正値 $t-s$ [°C]	真の温度 t [°C]
	上↓	下↑	平均値	上↓	下↑	平均値		
3.00	2.16	2.18	2.17	1197	1187	1192	16	1208
4.00	2.51	2.50	2.51	1370	1361	1366	24	1390
5.00	2.82	2.81	2.82	1496	1498	1497	31	1528
6.00	3.13	3.12	3.13	1621	1616	1619	39	1658
7.00	3.41	3.40	3.41	1736	1720	1728	47	1775
8.00	3.68	3.67	3.68	1822	1824	1823	55	1878
9.00	3.90	3.90	3.90	1898	1901	1900	61	1961

(9) スタンド内電球の消費電力 $W(=V\cdot I)$，電気抵抗値 $R(=V/I)$ および試料のフィラメントの真の温度 T(絶対温度) を計算し以下のようにまとめる．

計算例 電力，電気抵抗，フィラメントの温度の計算

電圧 V [V]	電力 W [W]	抵抗 R [Ω]	フィラメントの温度 T [K]
3.00	6.51	1.38	1481
4.00	10.0	1.59	1663
5.00	14.1	1.77	1801
6.00	18.8	1.92	1931
7.00	23.9	2.05	2048
8.00	29.4	2.17	2151
9.00	35.1	2.31	2234

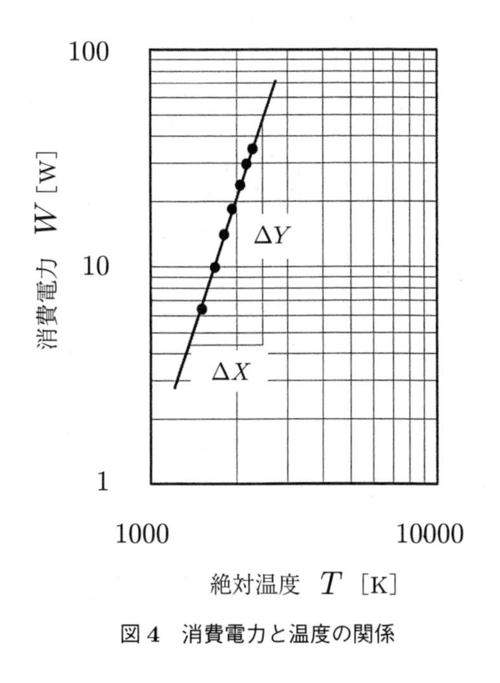

図 4 消費電力と温度の関係

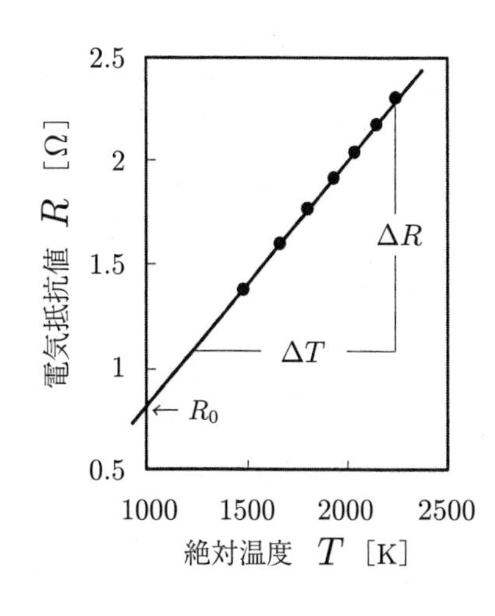

図 5 電気抵抗の温度変化

(10) 図 4 のようにフィラメントの温度 T，消費電力 W を両対数グラフにプロットし，実験

点を直線で近似する．グラフ上で直線の傾き $m = \Delta Y/\Delta X$ を求めることにより消費電力 W と温度 T との間に成立する実験式 $W = c_0 T^m$ を求める (ここで，ΔX，ΔY はできるだけ大きくとる)．この結果を用いて，スタンド内フィラメントの全放射強度 $E(T)$ と温度 T の間に成り立つ関係式を求める (グラフの描き方，対数目盛の書き方については 6 ページを参照．実験式の求め方については 24 ページを参照)．

(11) 図 5 のように，スタンド内フィラメントの電気抵抗値 R と温度 T を方眼紙にプロットする．電気抵抗値の温度変化は，定数 R_0, α, T_0 を用いて，

$$R = R_0[1 + \alpha(T - T_0)] \qquad (5)$$

の形に表される．

T_0 を 1000 K としたときの R_0 と ΔT，ΔR をグラフから読み取り，R と T の間に成立する実験式を式 (5) の形で求める．

(12) 電球の消費電力 W と電圧 V を両対数グラフにプロットし (図 6)，W と V の間に成立する実験式を求める．

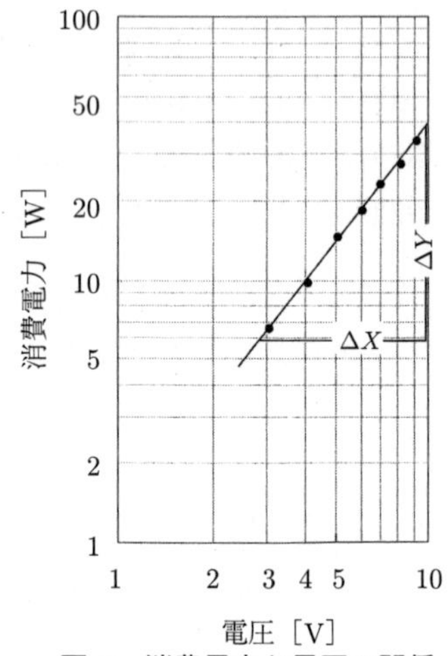

図 6　消費電力と電圧の関係

(13) レポートの結果の項目には次のように報告する．

結果例

消費電力と温度の関係　$W = 2.61\times10^{-12}\ T^{3.91}$ [W]

電気抵抗の温度特性　$R = 0.78\left[1 + 1.25\times10^{-3}(T - 1000)\right]$ [Ω]

消費電力と電圧の関係　$W = 1.17\ V^{1.56}$ [W]

(T の単位は [K]，V の単位は [V])

[注意 3] このように実験で求まった値を理論式に代入した式を実験式という．

検討　絶対誤差と相対誤差の評価

式 (2) を踏まえ，測定で得られた m との絶対誤差と相対誤差を求めよ．

[参考] 放射エネルギーの量子論

実験によれば，空洞 (黒体) 内に存在する放射の波長ごとのエネルギー密度は図 1 のようである．プランクは三つの仮定を置くことにより，この実験結果を理論的に説明することに成功した．この三つの仮定とは次のようなものである．

1 辺の長さが l の立方体の空洞内が絶対温度 T で熱平衡状態にあるとき，その中の放射について，

① 空洞内に存在できる放射は全て定常波の条件を満たす波長のものだけである．

② 振動数が ν の放射のとりうるエネルギー ϵ_i は定数を h として

$$\epsilon_i = ih\nu \quad (i = 0,\ 1,\ 2,\ 3,\ \cdots) \tag{6}$$

のとびとびの値をとる．

③ 振動数が ν の放射のうち，エネルギーが ϵ_i であるものの存在する数 N_i は，ボルツマン分布に従う．つまり，比例定数を N_0，ボルツマン定数を k として，

$$N_i = N_0 e^{-\epsilon_i/kT} \tag{7}$$

で表される．

この三つの仮定のうち，②は 19 世紀までの物理学 (古典物理学) とは相容れないものであり，量子論の発端となった．また，放射を粒子と見なしたエネルギーの塊は後に光子と名づけられ，定数 h

$$h = 6.6260688 \times 10^{-34}\,\mathrm{J \cdot s}$$

はプランク定数と呼ばれるようになった．

さて，仮定①より空洞内に存在できる，振動数が ν 以下の放射を考えた場合，許される振動数の種類の数 n は，光速度を c として，

$$n = 2 \times \frac{4\pi\nu^3}{3c^3} l^3 \tag{8}$$

である．従って，振動数が ν から $\nu + d\nu$ の間に存在する放射の種類の数 dn は

$$dn = \frac{8\pi\nu^2}{c^3} l^3 d\nu \tag{9}$$

となる．仮定②と③より，振動数 ν の放射の数 N と全エネルギー ϵ は

$$\begin{aligned} N &= \sum_{i=0}^{\infty} N_i \\ &= N_0 \sum_{i=0}^{\infty} e^{-ih\nu/kT} \\ &= \frac{N_0}{(1 - e^{-h\nu/kT})} \end{aligned} \tag{10}$$

$$\begin{aligned} \epsilon &= \sum_{i=0}^{\infty} N_i \epsilon_i \\ &= N_0 h\nu \sum_{i=0}^{\infty}\ i\ e^{-ih\nu/kT} \\ &= N_0 h\nu \left(e^{-h\nu/kT}\right) / \left(1 - e^{-h\nu/kT}\right)^2 \end{aligned} \tag{11}$$

となる．従って，振動数 ν の放射のもつ平均エネルギー $\bar{\epsilon}$ は

$$\begin{aligned} \bar{\epsilon} &= \frac{\epsilon}{N} \\ &= \frac{h\nu}{\left(e^{h\nu/kT} - 1\right)} \end{aligned} \tag{12}$$

となる．これらより，空洞内の単位体積あたりに，振動数が ν から $\nu + d\nu$ の間にある放射のエネルギー，つまり放射のエネルギー密度 $dU(\nu)$ は

$$\begin{aligned} dU(\nu) &= \frac{\bar{\epsilon} \cdot dn}{l^3} \\ &= \frac{8\pi\nu^3 h}{c^3} \frac{1}{e^{h\nu/kT} - 1} d\nu \end{aligned} \tag{13}$$

となる．これを波長 λ から $\lambda + d\lambda$ の間の放射のエネルギー密度 $dU(\lambda)$ に書き換えると，

$$\nu\lambda = c \tag{14}$$

であるから，

$$dU(\lambda) = \frac{8\pi ch}{\lambda^5} \frac{1}{e^{hc/\lambda kT} - 1} d\lambda \tag{15}$$

となる．従って，単位波長当りの放射のエネルギー密度 $u(\lambda)$ は

$$\begin{aligned} u(\lambda) &= \frac{dU(\lambda)}{d\lambda} \\ &= \frac{8\pi ch}{\lambda^5} \frac{1}{e^{hc/\lambda kT} - 1} \end{aligned} \tag{16}$$

となる．この式は図 1 の実験結果を正確に再現する．放射の波長全域にわたる，つまり全振動数についてのエネルギー密度 U は

$$\begin{aligned} U &= \int_0^\infty dU(\nu) \\ &= \int_0^\infty \frac{8\pi\nu^3 h}{c^3} \frac{1}{1 - e^{h\nu/kT}}\ d\nu \end{aligned} \tag{17}$$

である．

$$x = \frac{h\nu}{kT} \tag{18}$$

と変数変換をし

$$\int_0^\infty \frac{x^3}{e^x - 1}\ dx = \frac{\pi^4}{15} \tag{19}$$

を利用すると

$$\begin{aligned} U &= \frac{8\pi k^4 T^4}{c^3 h^3} \int_0^\infty \frac{x^3}{e^x - 1}\ dx \\ &= \frac{8\pi^5 k^4}{15 c^3 h^3} T^4 \end{aligned} \tag{20}$$

となり，エネルギー密度 U は絶対温度 T の 4 乗に比例する．

温度 T の黒体の単位表面積から単位時間に放射される全エネルギー $E_b(T)$ は，温度 T の空洞の壁に空けた穴の単位面積から単位時間に放射されるエネルギーに等しいから，

$$\begin{aligned} E_b(T) &= \frac{c}{4} U \\ &= \frac{2\pi^5 k^4}{15 c^2 h^3} T^4 \\ &\equiv \sigma T^4 \end{aligned} \tag{21}$$

となる．黒体の全エネルギー $E_b(T)$ が絶対温度 T の 4 乗に比例することは，シュテファンにより実験的に発見され，後にボルツマンにより，古典論の枠内で理論的に説明された．このこ

とにちなみ，式 (21) の 4 乗則をシュテファン・ボルツマンの法則，あるいはシュテファンの法則とよび，比例定数

$$\sigma = 5.67040 \times 10^{-8}\ \mathrm{J/(m^2\ s\ K^4)}$$

をシュテファン・ボルツマン定数という．

以上考察してきたように，黒体は，その温度 T が決まれば，単位表面積から単位時間に波長 λ で放出する放射エネルギーの強度 $e_b(\lambda,\ T)$ は

$$\begin{aligned} e_b(\lambda,\ T) &= \frac{c}{4}u(\lambda) \\ &= \frac{2\pi c^2 h}{\lambda^5}\ \frac{1}{e^{hc/\lambda kT} - 1} \end{aligned} \tag{22}$$

と一義的に決まる．

11 電気抵抗の温度特性

1 目的

金属 (導体) 及びサーミスタ (半導体) について電気抵抗の温度特性を調べる.

2 理論

(1) 金属の電気抵抗

金属の電気抵抗は電子 (伝導電子) が金属イオンと衝突し運動が妨げられることにより生じる. 今, 質量 m, 電荷 $-e$ の電子に大きさ E の電場をかけた時, 電子の電場方向の運動方程式は

$$m\frac{dv}{dt} = -eE \tag{1}$$

となる. もし, 何の抵抗も無ければ電子の速さ v は時間に比例して増大し, 電子の密度を n としたとき電流密度 j (単位時間に単位面積を通過する総電荷 $j = -nev$) も時間に比例し増大する. しかし実際の金属中では, 空気中を自由落下する物体が空気から速さに比例した抵抗を受ける様に, 電子も金属イオンから同様の抵抗を受ける. 電子がイオンから電場方向に受ける力を $-\eta v$ とすると, 運動方程式 (1) は

$$m\frac{dv}{dt} = -eE - \eta v \tag{2}$$

となる. 従って定常状態では力の和が 0 になり, 電子の速さ v は一定 ($v = -\frac{e}{\eta}E$) となる. このとき電流密度は $j = -nev = n\frac{e^2}{\eta}E$ と表される.

電流が流れる金属の断面積を S, 長さを l とすると, 電流密度と電流 I の関係は $j = I/S$, 電場と金属にかかる電圧 V の関係は $E = V/l$ である. これを用いると, 電場と電流密度の関係式は $V = \frac{\eta}{ne^2}\frac{l}{S}I$ と変形でき, オームの法則が成り立っていることがわかる. ここで $R = \frac{\eta}{ne^2}\frac{l}{S}$ を電気抵抗, $\rho = \frac{\eta}{ne^2}$ を電気抵抗率と定義する.

電子が電場から得たエネルギーは電子とイオンの衝突によりイオンの熱運動 (ジュール熱) に変換される. 実際には電場がない状態でも伝導電子はある速度分布で動いているが, 運動方向まで含めて平均すると速度は 0 である. 従って上記の速さ v は伝導電子の電場方向の<平均の速さ>を意味している. η は金属の種類によって異なるので, 電気抵抗 R ($R \propto \eta$) も金属に依って異なる. また, 同じ金属でも, 金属の温度が高くなる程イオンの熱運動が激しくなり, 電気抵抗値が増加する. 一般に, 金属の任意の温度を T_0 としたとき, T_0 の近傍 T における抵抗値 R は

$$R = R_0\left[1 + \alpha(T - T_0) + \beta(T - T_0)^2\right] \tag{3}$$

で表される．常温では $\alpha \gg \beta$ であり式 (3) は

$$R = R_0 [1 + \alpha(T - T_0)] \tag{4}$$

と書ける．α を T_0 における電気抵抗の温度係数という．

(2) 半導体の電気抵抗

金属 (導体) の電気抵抗は電子がイオン結晶中を自由に動くとする古典的な考え方である程度説明できたが，半導体の場合には古典的な考え方では説明できず，量子論によって初めて解明される．

半導体の電子が取り得るエネルギーは連続的ではなく帯状になっている (図 1)．すなわち電子が詰まっているエネルギー帯 (充満帯) の上には，電子の存在が許されない禁止帯があり，禁止帯の上に，電子の存在は許されるが空席になっているエネルギー帯 (伝導帯) がある．禁止帯のエネルギー幅が狭いときには，温度が上がるとともに電子のエネルギーが増し，伝導帯に上がることにより電気伝導が生じる．

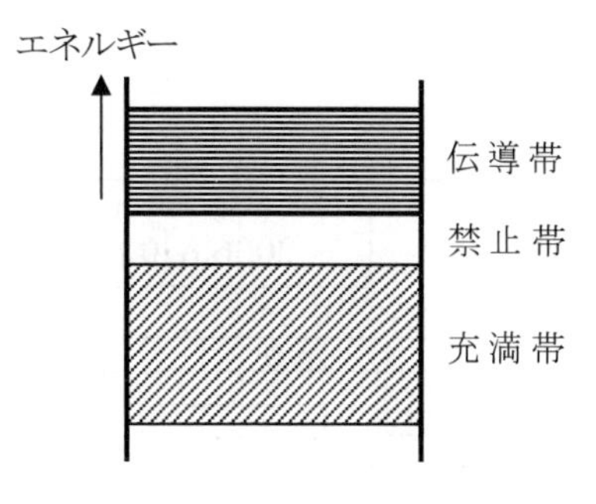

図 1　半導体のエネルギーバンド

半導体には n 型半導体，p 型半導体と呼ばれるものがある．

n 型半導体は中に含まれる不純物の電子の準位が伝導帯のすぐ下にあるため，電子は熱エネルギーを得ることにより伝導帯に上がることができる．従って温度が高いほど電子の数は多くなり電気伝導性は高くなる．

p 型半導体は不純物の電子の準位が充満帯のすぐ上にあり，電子が不純物準位に上がると，あとの空席は電気的に+(プラス) の電荷が創成されたことになる．この+の電荷は正孔 (ホール) と呼ばれ電気伝導に寄与するので，p 型半導体も温度が高くなると電気伝導性は高くなる．

このように，電気伝導を担っている伝導電子や正孔の数が温度に依存して敏感に変化することが半導体の特徴である．

一般的に半導体は低温では絶縁体の性質をもつが，温度が高くなるにつれ伝導電子，正孔等 (キャリヤと呼ぶ) が増加し高い電気伝導性をもつことになる．そのため抵抗値 $\left((\text{電気抵抗率}) = \dfrac{1}{(\text{電気伝導度})} \right)$ は温度とともに減少する．サーミスタは一種の半導体で，Mn，Ni，Zn，Al 等の酸化物に少量の添加物を混合，焼結して作られる．

サーミスタの抵抗値は広い温度範囲にわたり

$$R = R_c \cdot e^{B/T} \tag{5}$$

で表され，この B を特性温度という．e^x は $\exp(x)$ とも表されるため, 式 (5) は

$$R = R_c \cdot \exp\left(\frac{B}{T}\right)$$

と書き換えることができる．

なお，本実験では，銅線とサーミスタを試料として用いる．

3 装置

ディジタル・マルチメータ (回路計)，温度特性測定装置

試料：銅線，サーミスタ

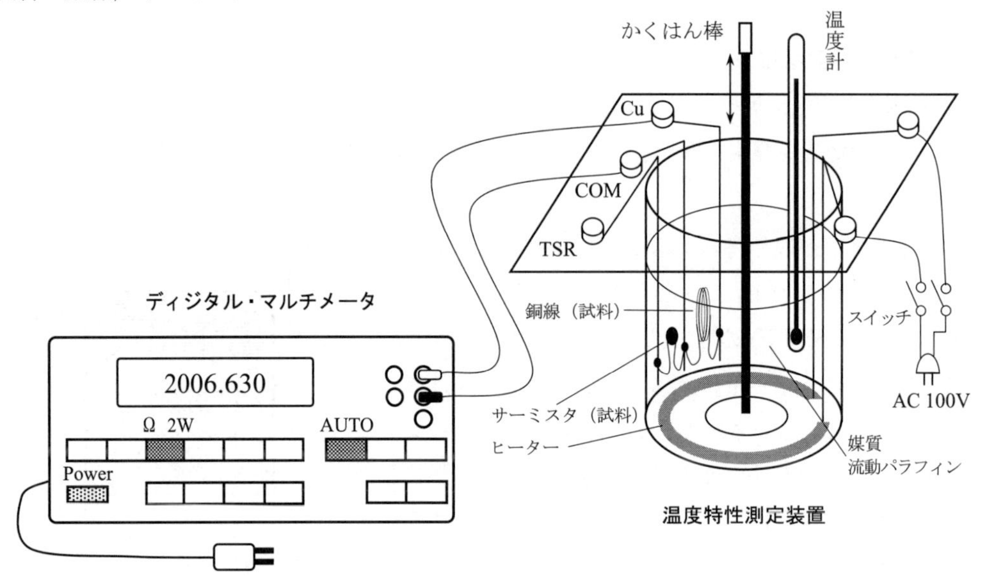

図 2　ディジタル・マルチメータと温度特性測定装置

4 方法

(1) 図 2 のように配線したのち，温度特性測定装置の上に記載されている銅線の長さ l，半径 r を記録する．

記録例

銅線の長さ $l = 20.0\,\mathrm{m}$

銅線の半径 $r = 0.0600\,\mathrm{mm}$

(2) 室温での銅線およびサーミスタの電気抵抗値を回路計で測る．

測定例 1　抵抗値の測定

気温　21.0 °C

ビーカー内液体温度　20.3 °C

抵抗値　　銅線　30.9 Ω　　サーミスタ　231.4 Ω

(3) 電気抵抗の温度特性を調べる．ヒーターのスイッチを入れ，よく撹はんしながら温度を上げ，測定温度付近になったらスイッチを切り，正確な温度 θ [°C] で抵抗値を測定する (測定例 2，測定例 3 を参照)．
なお，温度を上げすぎると，なかなか下がらないので注意する．また，同じ温度で 2 つの試料の抵抗値 R [Ω] を測定するので，接続ターミナルを間違えないように注意する．
90 °C まで測定したら，ヒーターのスイッチが切れていることを確認する．

測定例 2　試料: 銅線

No.	温度 θ_i [°C]	抵抗値 R_i [Ω]
1	30.1	31.96
2	40.0	33.05
3	50.2	34.64
4	60.1	35.63
5	70.0	36.89
6	80.0	38.28
7	90.0	39.07

測定例 3　試料: サーミスタ

温度 θ_i [°C]	抵抗値 R_i [Ω]	1/絶対温度 $1/T_i$ [1/K]
30.1	170.0	3.30×10^{-3}
40.1	127.8	3.19
50.2	81.2	3.09
60.1	64.8	3.00
70.0	48.6	2.91
80.1	35.1	2.83
90.0	28.4	2.75

(4) 銅線について摂氏温度と抵抗値の関係を方眼紙にプロットする (図 3). このグラフから 0 °C における抵抗値 R_0 を求める. また, R_0 とグラフの傾きから 0 °C における抵抗の温度係数 α を求める.

(5) サーミスタについて, 摂氏温度と抵抗値の関係を方眼紙にプロットする (図 4).

(6) サーミスタについて絶対温度の逆数と抵抗値の関係を片対数グラフにプロットし, 実験点を直線で近似する (図 5). グラフ (図 5) より適当な 2 点 $(1/T_1,\ R_1)$, $(1/T_2,\ R_2)$ を読み取り, 式 (5) を用いて R_c, B を求めよ. なお, 本実験では $R_c = (1.1 \sim 11.3) \times 10^{-3}\,\Omega$, $B = (3.0 \sim 3.6) \times 10^3\,\mathrm{K}$ である.

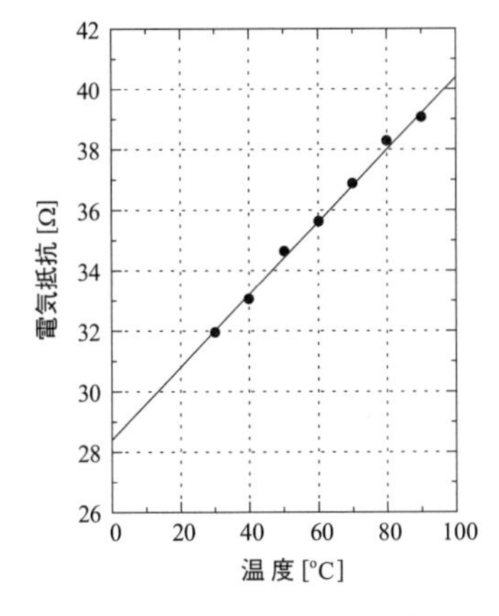

図 3　銅線の抵抗–温度特性

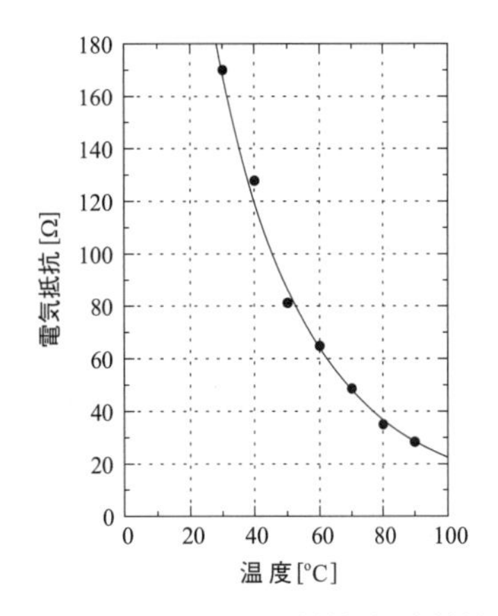

図 4　サーミスタの抵抗–温度特性

(7) レポートの結果の項目には次のように報告する．

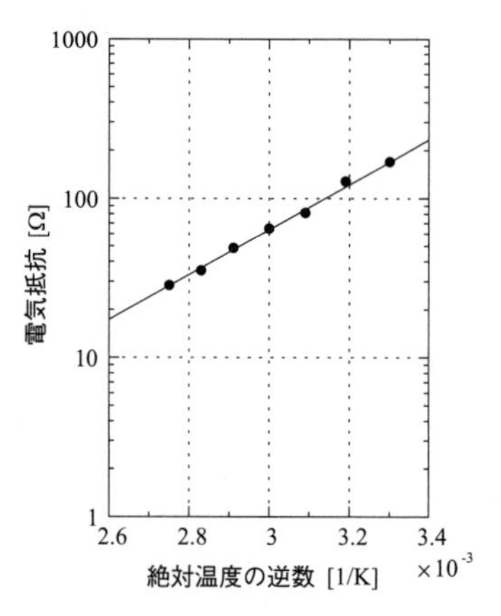

図 5　サーミスタの抵抗–温度特性

結果例

銅の抵抗の温度依存性

$$R = 28.4[1 + 4.19\times10^{-3}(\theta - \theta_0)]\ [\Omega]$$

($\theta_0 = 0\,°\mathrm{C},\ \theta, \theta_0$の単位は [°C])

サーミスタの抵抗の温度依存性

$$R = 3.1\times10^{-3} \cdot e^{3.3\times10^3/T}\ [\Omega]$$

(T の単位は [K])

検討　絶対誤差と相対誤差の評価

銅線の測定で得られた温度係数 α について，公値に対する絶対誤差と相対誤差を求めよ（公値は 163 ページ表 14 を参照）.

12 電子の比電荷

1 目的

(1) 電場で加速された電子を磁場内で円運動させ，その軌道の半径の測定により電子の比電荷 e/m(電荷と質量の比の絶対値) を求める．

(2) 電子の一様な磁場内での運動という単純な現象の測定により，電磁気学の基本原理を学ぶ．

2 理論

(1) 電子銃によって加速される電子

電子ビームを発生させる電子銃は真空管内に封入されている．この真空管にはアルゴンガスが封入されており，電子銃から打ち出された電子がアルゴン原子と衝突すると，原子は電離または励起して光を出す．その光を観測することにより電子の軌道を測定する．電子を一定の速度で打ち出す電子銃は，テレビに用いられているブラウン管の電子銃と原理的に同じである．

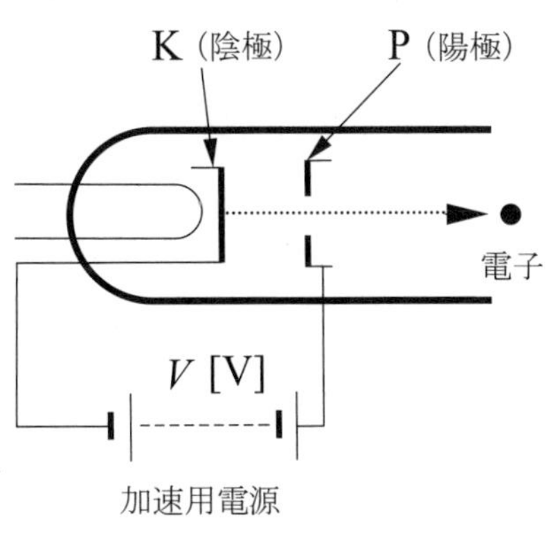

図 1　電子銃

その構造は図 1 に示されている．陰極 K で生じた熱電子は，陽極 P と K の間の電場で加速され P の孔を通過する．ここで，K で生じた速度ゼロの電子が V の電位差で加速され P を通過する時の速さを v とする．電子の質量および電荷を各々 m，$-e$ として，運動エネルギーに関して次式が成り立つ．

$$\frac{1}{2}mv^2 = eV \tag{1}$$

従って電子銃で得られる電子の速さ v は，

$$v = \sqrt{\frac{2eV}{m}} \tag{2}$$

となる．

(2) コイルによる磁場

巻き数 n, 半径 R のヘルムホルツコイルに電流 I を流すと, コイルの中心部にほぼ一様な磁場ができる (本実験では $n = 130$), 磁場の方向はコイルの軸に平行 (コイル電流の右ねじの向き) であり，磁束密度の大きさ B は，SI 単位系で表すと，

$$B = 9.00\times10^{-7}\frac{nI}{R} \tag{3}$$

となる (章末の参考参照).

(3) e/m の測定原理 (一様磁場中での電子の運動)

一般に電荷 q の荷電粒子が一様な磁束密度 $\boldsymbol{B}$ の磁場内で速度 $\boldsymbol{v}$ で運動すると，磁場から次のような力 (ローレンツ力とよぶ) を受ける．

$$\boldsymbol{F} = q\,(\boldsymbol{v} \times \boldsymbol{B}) \tag{4}$$

$\boldsymbol{F}$ は $\boldsymbol{v}$ および $\boldsymbol{B}$ の方向に垂直で，その大きさは $qvB\sin\theta$ である．但し θ は $\boldsymbol{v}$ と $\boldsymbol{B}$ のなす角度である．磁場内に $\boldsymbol{B}$ と垂直 ($\theta = \pi/2$) に電子が入射すると，図 2 に示されているように，電子は $\boldsymbol{B}$ に垂直な平面内で運動し，接線 (進行) 方向には力を受けないのでこの方向には加速されない．

[注意] 電子の電荷は負であるので，式 (4) の $\boldsymbol{F}$ の方向は，$\boldsymbol{v} \times \boldsymbol{B}$ の反対方向であることに注意する．

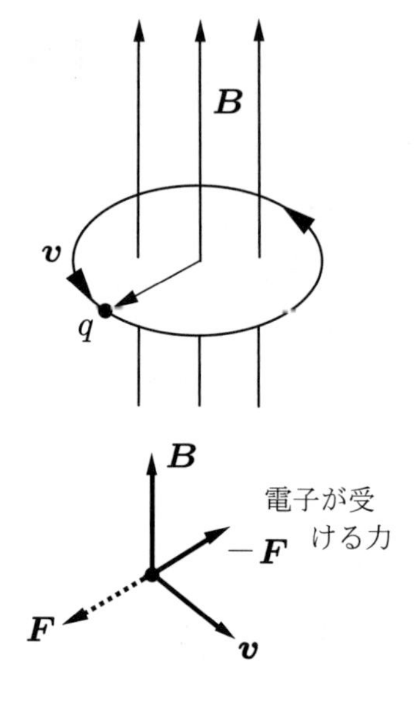

図 2　電子が磁場から受ける力

また磁場の方向 (z 軸にとる) の運動は全く変化しない．一方，速度の法線方向では，ローレンツ力 $F = evB$ が円運動の向心力を与えるので，

$$m\frac{v^2}{\rho} = evB \tag{5}$$

が成り立つ．但し $-e$, m は電子の電荷と質量，ρ は軌道の半径であり，それらの単位は [C], [kg], [m] である．v は一定であり，ρ は式 (5) より

$$\rho = \frac{mv}{eB} = 一定 \tag{6}$$

となる．従って電子の比電荷 e/m は，

$$\frac{e}{m} = \frac{v}{B\rho} \tag{7}$$

で与えられる．電子の速さ v に式 (2) を代入すると次式が得られる．

$$\frac{e}{m} = \frac{1}{B\rho}\sqrt{\frac{2eV}{m}} \tag{8}$$

故に e/m は最終的に次のように求められる．

$$\frac{e}{m} = \frac{2V}{(B\rho)^2} \tag{9}$$

よって，磁束密度の大きさ B を式 (3) より求め，電子銃の加速電圧 V がわかれば，電子の軌道半径 ρ の測定により電子の比電荷 e/m が求まる．

3 装置

e/m 測定装置 (ヘルムホルツ・コイル，真空管，電子銃)，ヘルムホルツ・コイル用直流電源，真空管電源装置，直流電圧計，直流電流計

4 方法

(1) ヘルムホルツ・コイルの半径の測定

① e/m 測定装置のコイルの半径 R を測定する．コイルの外直径及び内直径を互いに直角方向に 2 箇所で測定する．

② 外直径と内直径の平均値からコイルの平均半径を求める．

測定例 1　コイル半径の測定

回数	内直径 (D_1) [cm]	外直径 (D_2) [cm]
1	28.57	31.70
2	28.71	31.62

コイルの平均直径 = 30.15 cm

コイルの平均半径 = 15.08 cm

(2) 測定装置の設置及び配線

① e/m 測定装置のヘルムホルツ・コイルの軸を正しく東西に向け，電子の運動する軌道面を子午面に一致させる．このようにして地磁気の水平分力 (地磁気の水平方向の成分) の効果を除くことができる．電流調整ツマミは右いっぱいに回しておく．

② 図 3 の配線図に従って配線する．この時，真空管電源装置 (電子銃の電源) のヒーター電圧ツマミを 6.3 V に，プレート電圧ツマミを左いっぱいに回して最小電圧にセットし，AC–DC 切換えスイッチを DC 側にする．更に PS-5XZ 電源 (ヘルムホルツ・コイルの電源) の電圧調整ダイヤルを MIN にセットする．

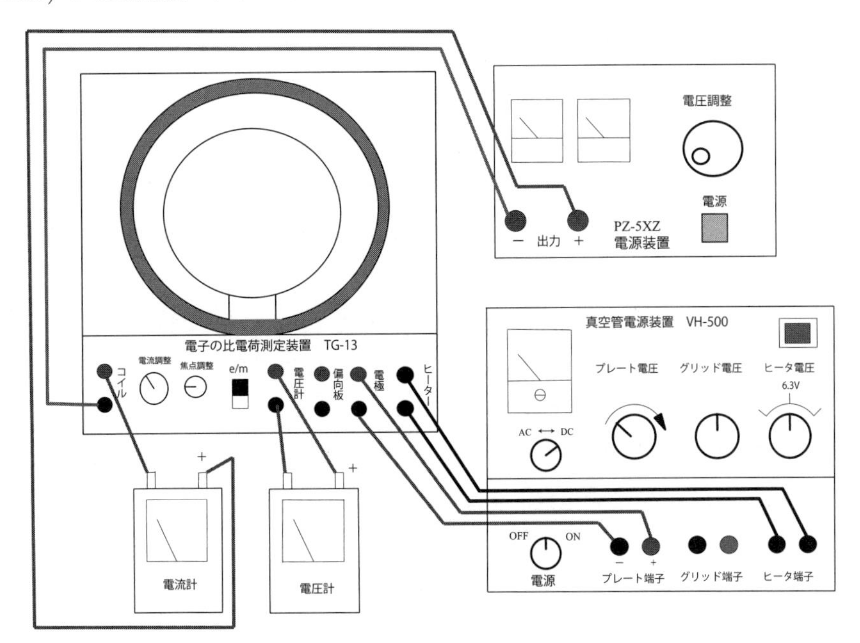

図 3　配線図

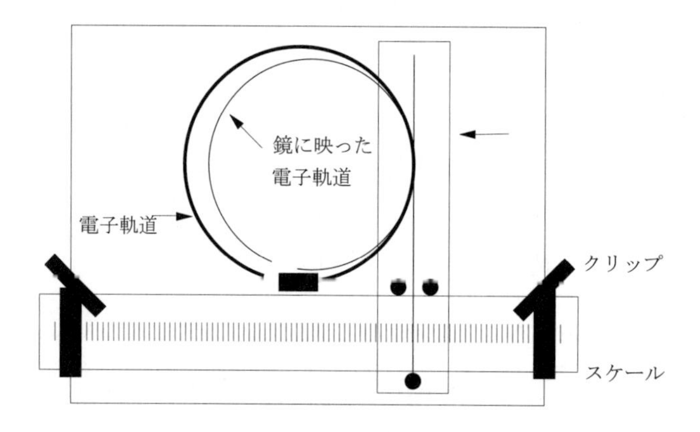

図4　電子軌道半径の測定

③ 図4のスケールを測定装置の前面に固定する．この際クリップを用いて，適切な高さに可能な限り水平に固定する．

(3) 磁場内での電子の円軌道の観測

① 電子銃の電源スイッチをONにし，電子銃のヒーターが赤熱状態になるのを確認したら，加速電圧 (プレート電圧) を 200 V にセットする．

② ヘルムホルツ・コイルの電源をONにし，電圧調整ダイヤルによりコイル電流を調整して電子線が円を描くことを確認する．電子線が渦巻き状になるときは，電子の射出方向が磁場の方向に対して完全に垂直になっていないのであるから，真空管を回転させて調整する．

(4) 比電荷の測定

① 加速電圧は 200 V のまま，ヘルムホルツ・コイルの電流 I を 1.20 A に調整して，電子ビームの円軌道の半径を測定する．まず円軌道の右側の端を見ながらカーソルを動かし，円軌道と後面の鏡に写った像とカーソルが重なって見える位置を探し，その時のスケールの値を記録する (図4参照)．次に円軌道の左側の端をみて同様の方法でスケールの値を記録する．この左右の値の差を求めて円軌道の直径とする．同じ測定を，2.40 A まで 0.20 A おきに7回行う．

次に，各 I の値からそれぞれの場合の磁束密度の大きさを理論式 (3) に従って計算する．この時コイルの半径 R は方法 (1) で求めた平均半径を用い，各コイルの巻数 n は 130 とする．結果は測定例2のようにまとめる．

② 加速電圧を 300 V に上げ，①と同じ測定を 1.50 A から 2.70 A まで 0.20 A おきに7回行い，それぞれの場合での磁束密度の大きさの計算を行なう．

測定例 2 電子の軌道半径と磁束密度の大きさの関係

加速電圧：200 V

コイルの電流 I [A]	1.20	1.40	1.60	1.80	2.00	2.20	2.40
右側のスケール値 [cm]	16.17	16.88	17.45	17.89	18.27	18.47	18.94
左側のスケール値 [cm]	26.61	25.77	25.18	24.62	24.21	23.88	23.71
軌道半径 ρ [cm]	5.22	4.45	3.87	3.37	2.97	2.71	2.39
磁束密度 B [10^{-4}Wb/m^2]	9.31	10.9	12.4	14.0	15.5	17.1	18.6

加速電圧：300 V

コイルの電流 I [A]	1.50	1.70	1.90	2.10	2.30	2.50	2.70
右側のスケール値 [cm]	16.31	16.91	17.19	17.76	17.97	18.33	18.51
左側のスケール値 [cm]	26.48	25.59	25.06	24.65	24.34	24.22	23.85
軌道半径 ρ [cm]	5.09	4.34	3.94	3.45	3.19	2.95	2.67
磁束密度 B [10^{-4}Wb/m^2]	11.6	13.2	14.7	16.3	17.8	19.4	20.9

③ 測定結果の磁束密度の大きさと電子の軌道半径を，図 5 にならって両対数グラフにプロットする．各加速電圧において B と ρ の測定値は，傾き -1 の直線に乗ることが理論式 (9) により期待されているので，各測定値ができる限り乗るように傾き -1 の直線を記入する．

④ 直線上にある測定値の一つを選び，各加速電圧での e/m を理論式 (9) を用いて計算する．それらの平均値を e/m の測定結果とする．

結果例 電子の比電荷 $\dfrac{e}{m} = 1.86 \times 10^{11}$ C/kg

検討 絶対誤差と相対誤差の評価

電子の比電荷の測定値について，公値に対する絶対誤差と相対誤差を求めよ．(公値は 154 ページ表 1 参照)

[参考] ヘルムホルツ・コイルによる磁場

ヘルムホルツ・コイルは一様な磁場を作るための装置で，図 6 に示す構造をしている．半径 R 及び巻数 n の等しい 2 個の円形コイルの各々の中心を C，C$'$ として，図 6 のように中心軸 (z 軸とする) を共通にして平行におき，同じ向きに電流 I を流す．この時電流により作られる磁場の強さ H は，以下のようにして求めることができる．

まず簡単のために，半径 R [m] の一巻の円形コイルに電流 I [A] を流した場合について考える．コイルの一部，長さ ds の部分が図 7 の点 P に作る磁場の強さ dH[A/m] は，ビオ・サバールの法則により

$$dH = \frac{I}{4\pi r^2} ds \tag{10}$$

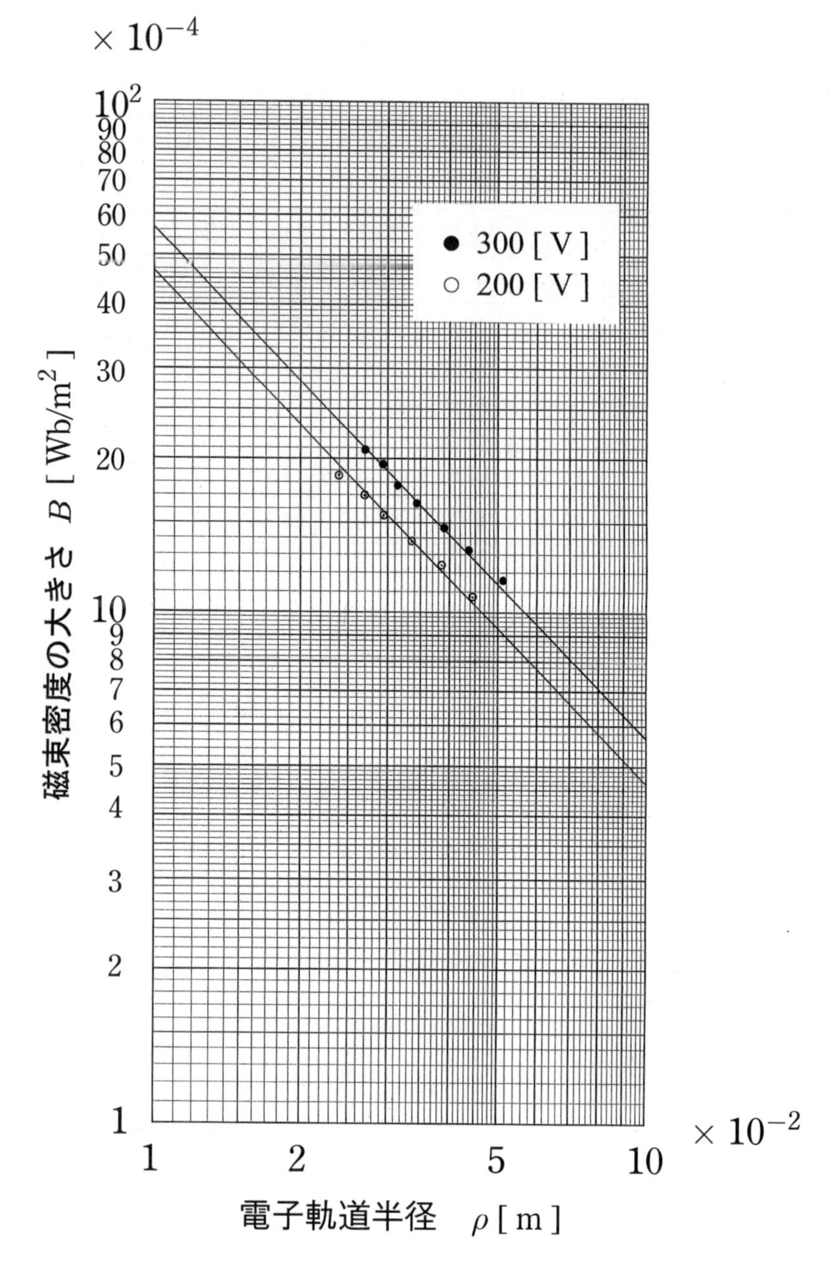

図 5　磁束密度の大きさと電子軌道半径の関係

である．

磁場の方向は $\boldsymbol{ds}$ と $\boldsymbol{r}$ が張る面に垂直な方向である．さらに図 7 より次の関係式が成り立つ．

$$r^2 = R^2 + z^2 \tag{11}$$

$$ds = R\,d\varphi \tag{12}$$

$$\sin\theta = \frac{R}{r} = \frac{R}{\sqrt{R^2 + z^2}} \tag{13}$$

問題の対称性より，全電流による磁場が z 方向を向いているのは明らかであるから，磁場の z 成分だけを考える．

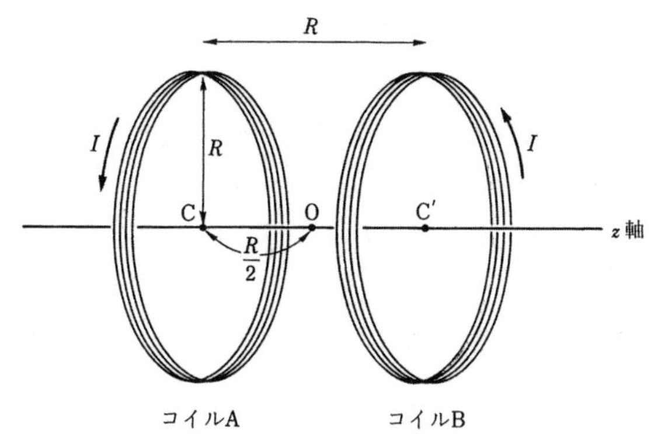

図 6 ヘルムホルツ・コイルの構造

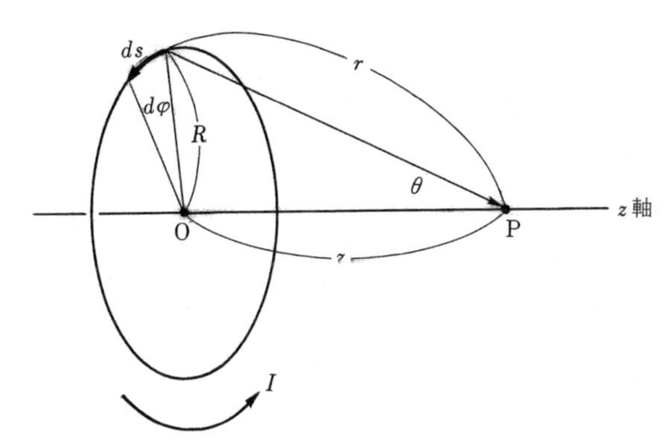

図 7 長さ ds 部分と点 **P**，原点 **O** の関係

$d\boldsymbol{H}$ の z 成分 dH_z は，

$$dH_z = \sin\theta \, dH \tag{14}$$

であるから，コイル全体により作られる磁場の強さ $H(z)$ は，dH をコイルの円周に沿って積分することにより求められる．

$$H(z) = \oint dH_z = \oint \frac{I \sin\theta}{4\pi r^2} ds = \int_0^{2\pi} \frac{IR^2}{4\pi(R^2+z^2)^{\frac{3}{2}}} d\varphi = \frac{IR^2}{2(R^2+z^2)^{\frac{3}{2}}} \tag{15}$$

後の準備のために $H(z)$ を z に関して一階および二階偏微分した式は以下のようになる．

$$\frac{\partial H(z)}{\partial z} = \frac{-3IR^2 z}{2(R^2+z^2)^{5/2}} \tag{16}$$

$$\frac{\partial^2 H(z)}{\partial z^2} = \frac{-3IR^2(R^2-4z^2)}{2(R^2+z^2)^{7/2}} \tag{17}$$

次に，図 6 のように同一のコイル 2 個を，その間隔がコイルの半径 R に等しい位置に置いた場合について考える．コイル間の中心を座標の原点 O としたとき，z 軸上の原点付近 $(z \approx 0)$ での 2 個のコイル A，B による磁場の強さは，それぞれ原点付近で式 (15) をテイラー展開することにより，

$$H_A = H(z_0) + \frac{\partial H(z_0)}{\partial z} z + \frac{1}{2}\frac{\partial^2 H(z_0)}{\partial z^2} z^2 + \frac{1}{6}\frac{\partial^3 H(z_0)}{\partial z^3} z^3 + \cdots \tag{18}$$

$$H_B = H(-z_0) + \frac{\partial H(-z_0)}{\partial z} z + \frac{1}{2}\frac{\partial^2 H(-z_0)}{\partial z^2} z^2 + \frac{1}{6}\frac{\partial^3 H(-z_0)}{\partial z^3} z^3 + \cdots$$

$$= H(z_0) - \frac{\partial H(z_0)}{\partial z} z + \frac{1}{2}\frac{\partial^2 H(z_0)}{\partial z^2} z^2 - \frac{1}{6}\frac{\partial^3 H(z_0)}{\partial z^3} z^3 + \cdots \tag{19}$$

と z に関して巾(べき)級数展開できる．ここで $z_0 = R/2$ である．z が小さいとして z^2 の項までで近似すると，磁場の強さ H_0 は次式で求まる．

$$H_0 = H_A + H_B = 2H(z_0) + \frac{\partial^2 H(z_0)}{\partial z^2} z^2 \tag{20}$$

$z = z_0$ とおくと式 (17)，つまり上式の第二項が零となり，

$$H_0 \approx 2H(z_0)$$

となる．すなわち，中心付近 (z が R に比べて小さな所) では磁場の強さは z によらずほぼ一定であるとみなすことができる．式 (15) より，

$$H_0 \approx \frac{IR^2}{[R^2 + (R/2)^2]^{3/2}} = \left(\frac{4}{5}\right)^{3/2} \frac{I}{R} \approx 0.716\frac{I}{R} \tag{21}$$

と H_0 が求まる．この式は，z 軸上以外の点でも，原点を含む z 軸に垂直な平面内では，磁場の強さの良い近似式である．このように各コイルの半径と 2 個のコイルの間隔を等しくとり，コイル間の中心で一様な磁場を得るコイルをヘルムホルツ・コイルとよぶ．各コイルの巻数が n の場合には，磁場の強さは n 倍して次の式で与えられる．

$$H_0 \approx 0.716\frac{nI}{R} \tag{22}$$

SI 単位系では H_0 の単位は [A/m] で，磁束密度の大きさ B [Wb/m^2] は H_0 に真空の透磁率 μ_0 [Wb/m·A] をかけて，

$$B = \mu_0 H_0 \tag{23}$$

となる．$\mu_0 = 4\pi\times10^{-7}$ Wb/m · A より，ヘルムホルツ・コイルによる磁束密度の大きさは，

$$B \approx 0.716\mu_0\frac{nI}{R} = 9.00\times10^{-7}\frac{nI}{R} \tag{24}$$

で与えられる．

13 放射線

1 目的

(1) Geiger–Müller (GM：ガイガー・ミュラー) 計数管の動作原理を学び，原子核崩壊の統計的性質を調べる．

(2) β 線の吸収曲線を GM 計数管による測定で求める．

2 理論

(1) 原子核崩壊と測定

放射線とは，高いエネルギーを持った電磁波や粒子線の総称である．一般的には，物質を通過する際に原子や分子をイオン化させる能力がある「電離放射線」を示す．その中でも

・α 線 (He 原子核),

・β 線 (電子),

・γ 線 (波長の極めて短い電磁波),

を示すことが多い．

これらは放射性同位元素の原子核崩壊によって放射されるもので，このような放射線を出す性質 (能力) を放射能，放射能を持つ物質を放射性物質という．

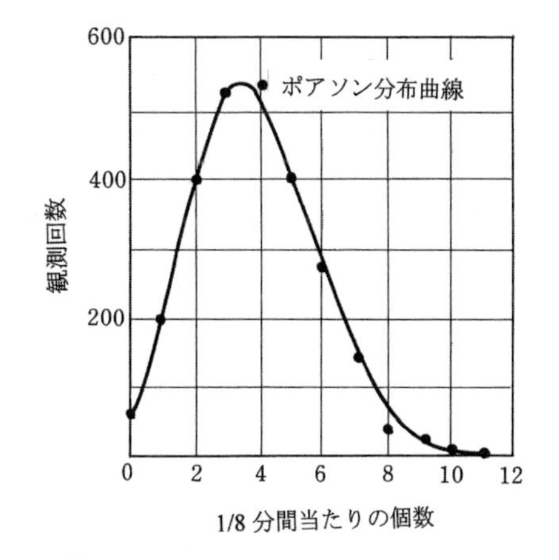

図 1　^{210}Po から放出される α 粒子数の統計変動

ラザフォード (Rutherford) とガイガー (Geiger) は 1910 年，^{210}Po (ポロニウム 210) の崩壊で生じる α 粒子の単位時間あたりの個数を測定して，原子核崩壊がポアソン (Poisson) 分布と良く一致することを実証した (図 1).

平均的に M 個の原子核が崩壊すると予想されている場合に，この M を期待値という．期待値が M のとき，実際には m 個の原子核が崩壊する確率は，ポアソン分布

$$P(m) \sim \frac{M^m}{m!} \cdot \exp(-M) \tag{1}$$

に従う．[1] (ポアソン分布の詳しい説明は章末の [参考] を参照のこと．)

原子核崩壊は確率事象なので，複数回の測定を行うと計数値 (計った数の値) は各測定毎に異なる値となる．各測定値の信頼度はその標準偏差によって示される．ポアソン分布の標準偏差 σ は，$\sigma = \sqrt{M}$ であるが，期待値 M が十分に大きいと期待される時，つまり m が十分に大きいときは $\sigma = \sqrt{m}$ と近似できる．従って，期待値 M が充分に大きい (と期待される) と

[1] ポアソン分布式は計数値が大きい時 (従って M が十分に大きいとき)，次のガウス分布式で近似される．

$$P(m) = \frac{1}{\sqrt{2\pi M}} \cdot \exp\left[-\frac{(m-M)^2}{2M}\right]$$

きの (1 回の) 測定値 m とその誤差について

$$m \pm \sqrt{M} \sim m \pm \sqrt{m} \tag{2}$$

と近似することができる.

t 秒間の測定で全計数 m を得た時も, 期待値 M が充分に大きい (と期待される) ときは, (M の代わりに m を用いて) 標準偏差[2] $\sqrt{m}$ と近似することができるので, 測定精度 (相対誤差) は

$$\pm\frac{\sqrt{m}}{m} = \pm\frac{1}{\sqrt{m}} \tag{3}$$

と表される. 単位時間当りの計数値 (計数率) で考えると, 全計数値 m を測定時間 t で割って, $n = m/t$ となる. この時の標準偏差は $\sqrt{m}/t$ であるから, 相対誤差は

$$\frac{\pm\sqrt{m}/t}{m/t} = \pm\frac{1}{\sqrt{m}} \tag{4}$$

となる. 即ち, 相対誤差は全計数値 m のみで表せる. 従って, 測定時間が長くなるほど (全計数値が大きくなるほど) 測定精度は高くなる.

(2) GM 計数管

① GM 計数管の構造及び基本的性質

ガイガーとミュラー (Müller) が発明した GM 計数管は, 入射した荷電粒子の量によらず一定の出力信号を得られるようになっており, 装置が簡単で測定が容易なことが特徴である.

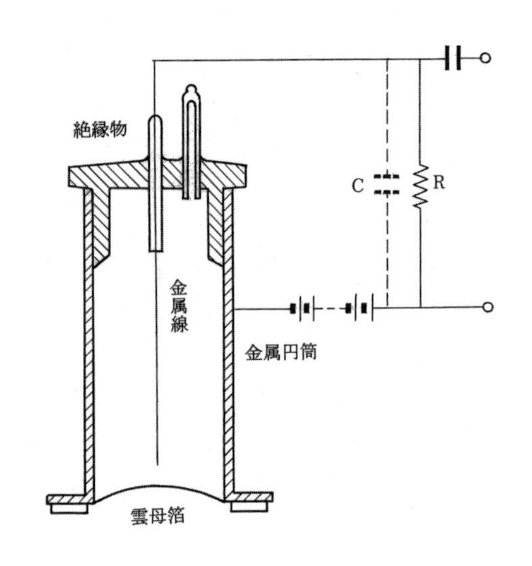

図 2　端窓型 GM 計数管

計数管は, 図 2 の様に円筒形陰極とその中心軸に沿って張られた細い陽極からなっている. β 線は雲母箔の窓から計数管に入り, 計数管に封入された不活性ガスの分子と衝突し, 電離させる. 電離でできたイオン対は, 電場によって加速されて周囲の分子を更に電離し, 電子の数がどんどん増加し, これをガス増幅という. これが陽極 – 陰極間を流れる電流となり, 信号として検出される.

GM 計数管にかける電圧 (印加電圧) と 1 分間当たりの計数率 (cpm) の関係は図 3 のようになる. 電圧によらず計数率がほぼ一定な領域 A~B をプラトーと呼ぶ. 実際に GM 計数管を使用する場合には, 開始電圧 V_A よりプラトーの長さの 1/4~1/3 だけ高い電圧 V_u の所で用いる. V_B を越える電圧を加えると連続放電を起こし, 故障の原因となるので注意しなければならない.

② 計数のバックグラウンド

GM 計数管では, 放射線源を近付けていなくても宇宙線や空気中・地中及び計数管自身に含まれる放射性同位元素からの放射線が観測される. これらの放射線はバックグラウンドと呼

[2] 誤差論では測定値の標準偏差を平均自乗誤差という. 第 III 部 1 誤差論の 131 ~ 135 ページを参照.

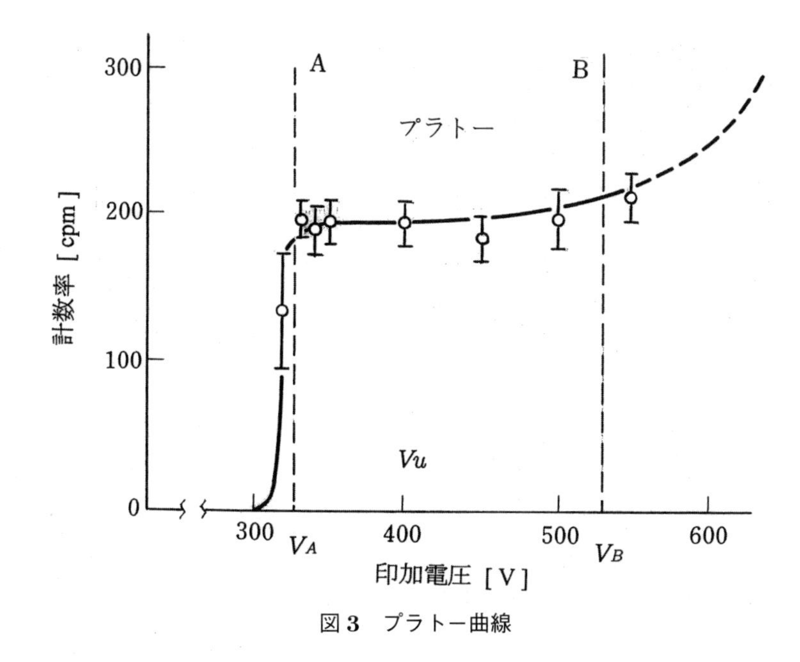

図3 プラトー曲線

ばれ，線源からの放射線のみを観測するためには，計数値から差し引く必要がある．計数値がバックグラウンドに比べて余り大きくない場合には，特にこの補正が必要である．

③ 不感時間の補正

GM 計数管は，放射線粒子が入射してガス増幅が起こって出力パルスが得られるまでの間では次の放射線粒子が入射しても検出できない．この時間は 50 ～ 100 μs 位で，不感時間と呼ばれる．不感時間中の計数の数え落しは，計数率が低い時には問題とならないが，高くなると補正を必要とする．

不感時間 T 秒 (1 計数あたり)，測定された 1 秒間当たりの計数率 N [cps] の時，1 秒間の不感時間の合計は $N \cdot T$ 秒である．従って，真の計数率を N_0 [cps] とすると次式が成り立つ．

$$N_0 - N = N_0 \cdot N \cdot T \tag{5}$$

この式の右辺は 1 秒間あたりの数え落とし数を表している．変形して

$$N_0 = \frac{N}{1 - N \cdot T} \tag{6}$$

とすると N_0 を求めることができる．

(3) 放射線源

放射線源の強度は，1 秒間に崩壊する原子核の個数で示され，その単位としてはベクレル (Bq) が用いられる．また，3.7×10^{10} Bq のことを 1 Ci (curie：キュリー) と呼ぶ．

本実験で使用する線源は，β 線測定用の ^{90}Sr 線源 (～10 kBq) である．^{90}Sr 線源は金属で密封されており強度も弱いため安全で，法律的には特別の資格がなくとも取り扱えるが，その取り扱いには充分注意する必要がある．特に，Sr は Ca と似た電子配置をしているために，体内に入ると骨に蓄積されて内部被曝の原因となる．

放射線源 ^{90}Sr は，β 崩壊によって電子と反ニュートリノを放出し ^{90}Y になる．^{90}Y は更に

最大エネルギーが 2.28 MeV の電子を放出して β 崩壊する．

$$^{90}\mathrm{Sr} \xrightarrow[28.8\,\text{年}]{0.546\,\mathrm{MeV}} {}^{90}\mathrm{Y} \xrightarrow[64.1\,\text{時間}]{2.28\,\mathrm{MeV}} {}^{90}\mathrm{Zr}$$

(4) 物質の厚さ (面積質量) と吸収曲線

放射線は物質を透過する時に吸収され，物質の厚さに対して式 (7) のように指数関数的に減少する．吸収層 (物質) の厚さが x の時，入射粒子数 I_0 (吸収層の厚さがゼロの時の粒子数) と透過粒子数 $I(x)$ の比 $I(x)/I_0$ は次式で示される．

$$\frac{I(x)}{I_0} = e^{-\mu x} \tag{7}$$

ここで μ は吸収係数と呼ばれ，透過粒子数が入射粒子数の $1/e$ ($e = 2.71828\cdots$ ：自然対数の底) に減衰するのに必要な厚さの逆数である．吸収層の厚さ x を [m] や [cm] ではなく，単位面積当りの質量 (面積質量 $[\mathrm{g/cm^2}]$ = 厚さ [cm] × 密度 $[\mathrm{g/cm^3}]$) で表すと，μ は物質によらない値となり，便利である．従って，放射線を扱うときには，面積質量の単位で物質の厚さを表すことが多い．

縦軸に計数率，横軸に吸収層の厚みをとったグラフを，吸収曲線と呼ぶ．放射線の吸収は指数関数で表されるので，縦軸に対数をとればグラフは直線となる．また，横軸に面積質量をとれば，吸収層の物質によらずほぼ同じグラフが得られる．吸収曲線の傾きは吸収係数 μ に相当し，測定結果のグラフから求められる．

μ がわかっている時，放射線の減衰に必要な遮蔽物質の厚さ x は，式 (7) を変形して

$$x = -\frac{1}{\mu}\log_e[I(x)/I_0] \tag{8}$$

と求められる．例えば，透過粒子数が 1/100 に減衰する物質の厚さは，$I(x)/I_0 = 1/100$ と置いたときの x の値である．この時 x は単位面積当りの質量の単位で表した厚さであるから，長さの単位に直すにはその物質の密度で割ればよい．

3 装置

放射線計数装置 (RMS–60 型)，GM 計数管，GM 計数管用測定スタンド (GMS–1 型)，透明樹脂製棚板 (試料位置決め用刻線入り)

試料：放射線源 ^{90}Sr (∼10 kBq)，アルミニウム吸収板 (厚み 0.20 mm) 4 枚

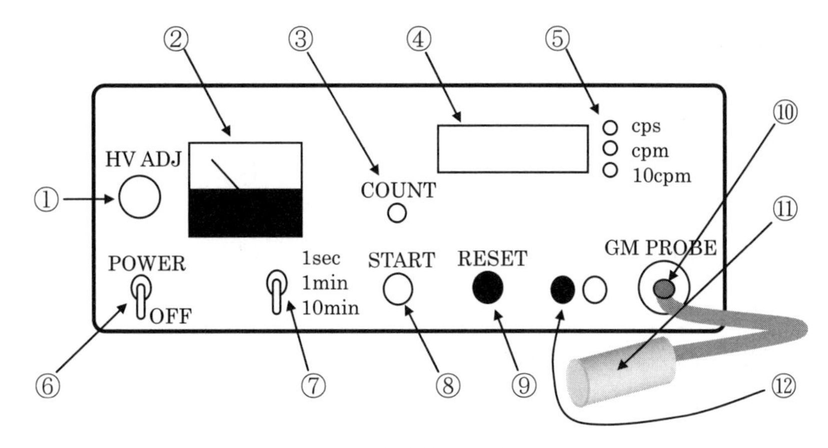

図 4　放射線計数装置

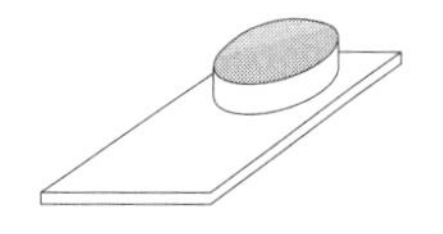

図 5　放射線源 ^{90}Sr

実験器具取り扱い上の諸注意

本実験では放射線源を利用するので，実験を始める前に必ず一度テキストを読み，実験器具の取り扱いについて不明な点があれば教員に質問し，よく理解してから始めること．特に以下の注意は必ず守ること．

(1) 放射線源の取り扱いの注意

本実験で取り扱う放射線源は極めて微量の同位元素であるが，同位元素の取り扱いにおける一般的態度として次の事項に注意する．万一の場合は直ちに担当教員に知らせること．

① 密封線源に傷をつけたりして，同位元素が飛び散らないよう気をつけること．

② 人体に放射線が当たらないよう，特に同位元素が体内に入らないように充分注意する．(通常に扱えばこの条件を満たしている)

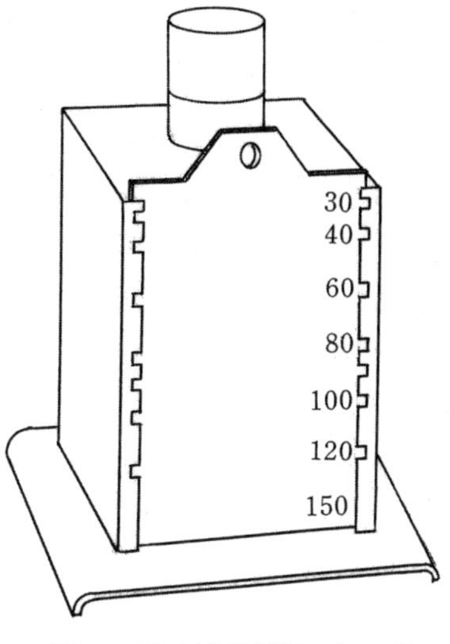

図 6　GM 計数管用スタンド

(2) GM 計数管使用上の注意

① 計数管の窓は非常に薄く壊れやすいから，手や物が当たらないようにする．

② 電圧は絶対に 550 V 以上に上げないこと．計数管が破損する原因になる．

4 方法

GM 計数管の準備

(1) GM 計数管は GM 管スタンド (図 6) に立てる．放射線計数装置 (図 4) の高圧制御用つまみ ① を反時計方向に止まるまで回す．高圧用スイッチ ⑥ が切れている事を確かめたのち，AC 100 V の電源に接続し，高圧用スイッチを入れる．

(2) 放射線源 ^{90}Sr (図 5) を容器から取り出し，スタンドの 40 mm の段 (上から 2 段目) に設置する．この時，棚には透明樹脂製の棚板を用い，線源が計数管の窓の真下 (棚板の円の中心) に来るようにする．

(3) 高圧制御用つまみを回して電圧を 400 V (② のメータで読む) にする．計数装置のゲート時間切換スイッチ ⑦ を 1 min にし，スタートボタン ⑧ を押して測定を行なう．1 分間が経過すると計数は自動的に停止し (計数インジケーター ③ が消える) 1 分間の計数率が LED 表示器 ④ に表示される．リセットボタン ⑨ を押すと，表示された値がリセットされる．

実験 1．原子核崩壊の統計的性質を調べる

放射線源 ^{90}Sr を用いて 1 秒間当りの計数率 (cps) を 200 回測定し，各測定の計数率の分布がポアソン分布に従うことを調べる．測定は以下の順序で行なう．

(1) この実験では，図 4 の計数装置のゲート時間切換スイッチ ⑦ を 1 sec にする．そしてスタートボタンのスイッチ ⑧ を押し，1 秒間の計数値を読み，計数の起った回数 (度数) を測定例 1 のように記録する．

(2) リセットボタンのスイッチ ⑨ を押して測定を繰り返す．この測定を 200 回行って，各計数率に対する度数の値を求め，図 7 の例にならってヒストグラムでグラフを描く．

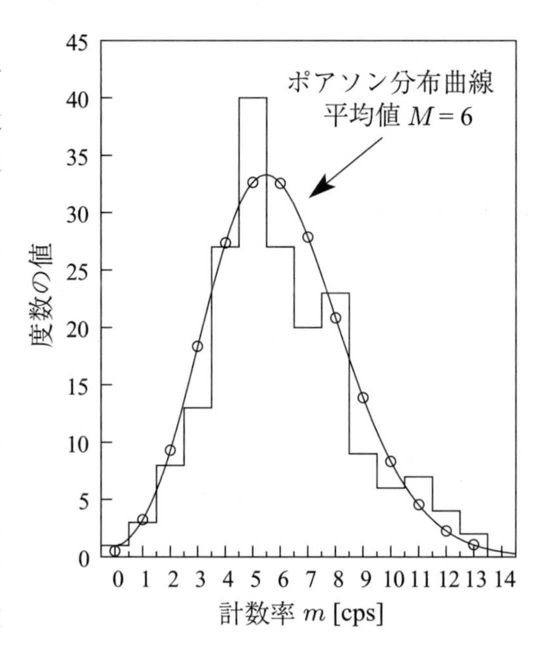

図 7　放射線源から放出される β 線の統計変動

(3) 計数率の平均値を計算し，付表のポアソン分布から平均値に近い M (この M は前出の期待値である) の値に当たる列の m の数値を読みとり，グラフにポアソン分布曲線を描きこむ．

計算例 1　m の平均値 M の計算

計数率と度数の積の和を測定回数で割る．

$$M = \frac{1}{200}\sum_{m}(\text{計数率}) \times (\text{度数の値})$$
$$= \frac{1144}{200} = 5.720 \text{ cps}$$

測定例 1　ポアソン分布曲線の測定

計数率 m [cps]	度数	度数の値	計数
0	一	1	0
1	下	3	3
2	正 下	8	16
3	正 正 下	13	39
4	正 正 正 正 正 丁	27	108
5	正 正 正 正 正 正 正 正	40	200
6	正 正 正 正 正 丁	27	162
⋮		⋮	⋮
11	正丁	7	77
12	𠀋	4	48
13	丁	2	26
14		0	0
	総和	200	1144

実験 2. β 線の吸収曲線を GM 計数管による測定で求める

吸収板を用いて放射線源 ^{90}Sr の吸収曲線 (図 8) を測定し，吸収係数を求める．測定は以下の方法により行なう．

(1) 1 分間の計数率を測定するので，図 4 のゲート時間切換スイッチ ⑦ を 1 min にする．

(2) 最初に 1 分間の計数率を 3 回測定し，それらの平均値 N' [cpm] を計算する．次に，GM 管を持ち上げ，図 6 のスタンド上部の円筒の中に 0.20 mm の厚さの Al 円板 1 枚をのせて計数率を 3 回測定し，平均値を計算する．以後 1 枚ずつ円板を加えて同様に測定を行い，0.80 mm 厚まで測定する．

(3) バックグラウンドの計数率 N_B [cpm] を得るために，線源，吸収板を取り除き，1 分間の計数率を 3 回測定する．

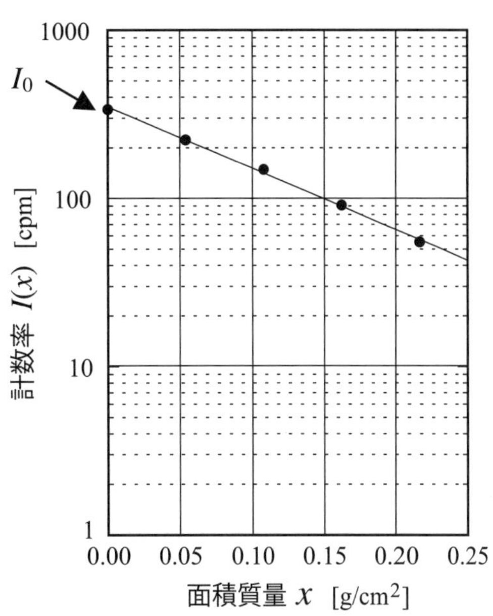

図 8　β 線の吸収曲線 (片対数グラフ)

(4) 各計数率を下表のように記録する．そして N' [cpm] からバックグラウンド N_B [cpm] を引き，線源からの計数率 N [cpm] を求める．

測定例 2　β 線の Al 板による吸収曲線の測定

N_Bの計数値 12，17，15 cpm　N_Bの平均 = 15 cpm

Al の枚数		0	1	2	3	4
計数率	1 回目	345	227	152	108	70
N' [cpm]	2 回目	349	237	169	98	70
	3 回目	363	239	170	118	76
	平均値	352.3	234	164	108	72.0
線源からの計数率 N [cpm]		337	219	149	93	57

[注意] この場合のように計数率が小さい時は不感時間補正は不要である．

(5) Al の密度を 2.7 g/cm^3 として，横軸に面積質量 x [g/cm^2]，縦軸に計数率 $I(x)$ [cpm] をとり，片対数グラフに吸収曲線をプロットする (図 8 を参照せよ)．

(6) グラフから I_0 [cpm] と吸収係数 μ [cm^2/g] を求める．

結果例

実験 1.　計数率の平均値 $M = 5.720\,\mathrm{cps}$

実験 2.　$I(x) = 340 \cdot e^{-7.20x}$ [cpm]，(x の単位は [g/cm^2])

検討　測定精度の評価

実験 1 の測定では，1 秒間当たりの計数率を 200 回測定した．これを連続して行った 200 秒の測定とみなして，200 秒間の全計数を示し，式 (3) を用いて相対誤差 (測定精度) を求めよ．(ヒント：式 (3) の m は 200 秒間の全計数である．)

実験後の後始末

1) 線源をすべて所定の容器に納め，必ず借り出した人が準備室に返す．

2) 計数装置の電圧を 0 V に戻し，各スイッチを初期状態に戻しておく．

[参考]　原子核崩壊とポアソン分布

N 個の放射性原子核の中で，微小な時間 dt の間に崩壊する原子核数の期待値 $-dN$ (減少するのでマイナス) は，崩壊定数 (1 個の原子核が単位時間内に崩壊する確率) を λ とすると次式で求まる．

$$-dN = N\lambda\, dt \tag{9}$$

この式を変形すれば，次の微分方程式が得られる．

$$-\frac{dN}{dt} = N\lambda \tag{10}$$

この方程式を，時刻 $t = 0$ における放射性原子核が N_0 個あったという条件のもとに解けば，

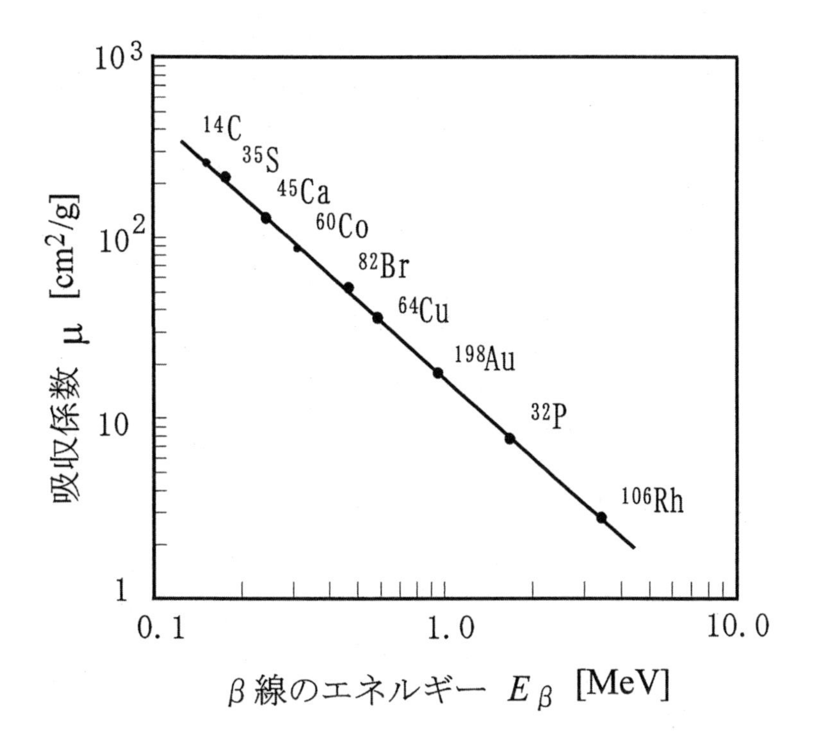

図 9 β線のエネルギーと吸収係数との関係

時刻 t に生き残っている原子核の個数の期待値 N は,

$$N = N_0 \cdot \exp(-\lambda t) \tag{11}$$

となる.

従って N_0 個の原子核のうち

- 特定の 1 個が時間 t の間生きている確率は $p = e^{-\lambda t}$
- 逆にその時間 t 内に崩壊する確率は $q = 1 - p = 1 - e^{-\lambda t}$

となる. 観測している時間内では, 全体の原子核のうちほんのわずかしか崩壊しないので, $\lambda \cdot t \ll 1$ としてよく, この場合は

$$p = e^{-\lambda t} = 1 - \lambda t$$

$$q = 1 - p = \lambda t$$

と近似できる.

q は特定の 1 個が崩壊する確率なので, 全体の原子核の数 N_0 のうち任意の m 個の原子核が崩壊する確率は

$$P(m) = {}_{N_0}\mathrm{C}_m \cdot q^m \cdot p^{N_0 - m} \tag{12}$$

で与えられる. 今, $N_0 \cdot \lambda t$ を M とおくと, $\lambda t = M/N_0$ なので

$$P(m) = {}_{N_0}\mathrm{C}_m \left(\frac{M}{N_0}\right)^m \left(1 - \frac{M}{N_0}\right)^{N_0 - m} \tag{13}$$

[付表] ポアソン分布

$m \setminus M$	1	2	3	4	5	6	7
0	0.36788	0.13534	0.04979	0.01832	0.00674	0.00248	0.00091
1	0.36788	0.27067	0.14936	0.07326	0.03369	0.01487	0.00638
2	0.18394	0.27067	0.22404	0.14652	0.08422	0.04462	0.02234
3	0.06131	0.18045	0.22404	0.19537	0.14037	0.08923	0.05213
4	0.01533	0.09022	0.16803	0.19537	0.17547	0.13385	0.09123
5	0.00307	0.03609	0.10082	0.15629	0.17547	0.16062	0.12772
6	0.00051	0.01203	0.05041	0.10420	0.14622	0.16062	0.14900
7	0.00007	0.00344	0.02160	0.05954	0.10444	0.13768	0.14900
8	0.00000	0.00086	0.00810	0.02977	0.06528	0.10326	0.13038
9	0.00000	0.00019	0.00270	0.01323	0.03627	0.06884	0.10140
10	0.00000	0.00004	0.00081	0.00529	0.01813	0.04130	0.07098
11	0.00000	0.00001	0.00022	0.00192	0.00824	0.02253	0.04517
12	0.00000	0.00000	0.00006	0.00064	0.00343	0.01126	0.02635
13	0.00000	0.00000	0.00001	0.00020	0.00132	0.00520	0.01419
14	0.00000	0.00000	0.00000	0.00006	0.00047	0.00223	0.00709
15	0.00000	0.00000	0.00000	0.00002	0.00016	0.00089	0.00331
16	0.00000	0.00000	0.00000	0.00000	0.00005	0.00033	0.00145
17	0.00000	0.00000	0.00000	0.00000	0.00001	0.00012	0.00060
18	0.00000	0.00000	0.00000	0.00000	0.00000	0.00004	0.00023
19	0.00000	0.00000	0.00000	0.00000	0.00000	0.00001	0.00009

であり，右辺のうち最初の 2 つの項は

$$
\begin{aligned}
{}_{N_0}\mathrm{C}_m \cdot \left(\frac{M}{N_0}\right)^m &= \frac{N_0(N_0-1)(N_0-2)\cdots(N_0-m+1)}{m!}\left(\frac{M}{N_0}\right)^m \\
&= \frac{N_0(N_0-1)(N_0-2)\cdots(N_0-m+1)}{N_0^m}\frac{M^m}{m!} \\
&= 1\left(1-\frac{1}{N_0}\right)\left(1-\frac{2}{N_0}\right)\cdots\left(1-\frac{m-1}{N_0}\right)\frac{M^m}{m!}
\end{aligned}
\tag{14}
$$

と計算できる．N_0 は非常に大きいので $\left(1-\dfrac{1}{N_0}\right)$ や $\left(1-\dfrac{m-1}{N_0}\right)$ は 1 とみなしてよく，結局

$$
\lim_{N_0\to\infty} {}_{N_0}\mathrm{C}_m \left(\frac{M}{N_0}\right)^m = \frac{M^m}{m!} \tag{15}
$$

となる．残りの項 $\left(1-\dfrac{M}{N_0}\right)^{N_0-m}$ は e の定義が

$$
\lim_{N_0\to\infty}\left(1+\frac{1}{N_0}\right)^{N_0} = e \tag{16}
$$

であることを考えると，m, M が小さく一定とした場合

$$
\lim_{N_0\to\infty}\left(1-\frac{M}{N_0}\right)^{N_0-m} = e^{-M} \tag{17}
$$

となる．式 (15), (17) を式 (13) に代入すると，確率 $P(m)$ は

$$P(m) = \frac{M^m}{m!}e^{-M} \tag{18}$$

というポアソン分布となる．

この式は，平均的に原子核が M 個崩壊すると期待される場合に m 個だけ崩壊する確率を表す．

14 水素原子のスペクトル

1 目的

水素原子の出す光の波長を測定し，リュードベリー定数の値を求める．

2 理論

(1) 水素原子のスペクトル

ボーアとド・ブロイの考えに従えば，水素原子は静止した陽子のまわりを，クーロン力を受けて，電子が円軌道を描いている．この電子軌道は，図1のように，円周が電子の物質波の波長の整数倍のものだけが許される．その結果，電子軌道の半径(およびエネルギー)は連続的な値は取れなくなり，とびとびの値を取る．

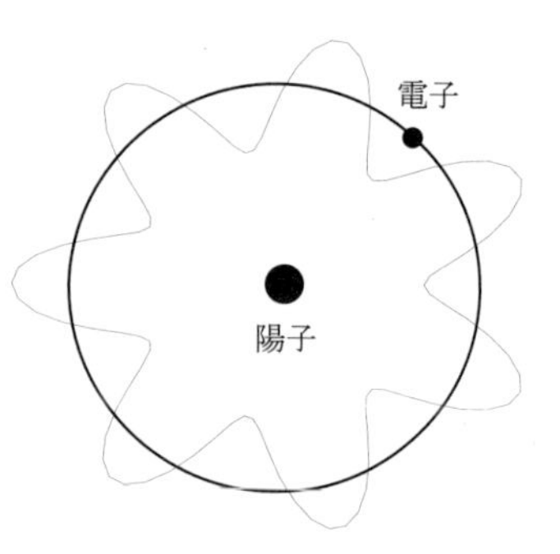

図1　水素原子の電子の軌道

電子がある軌道からエネルギーの低い軌道へ移るときに，原子は光子を1個放出する．このときの光子のエネルギーは，それぞれの軌道で電子の持っていたエネルギーの差に等しい．

以上のことを式で表す．電子の質量を M，電荷を $-e$，軌道半径を r，速さを v，真空の誘電率を ε_0 とすると

$$\frac{Mv^2}{r} = \frac{1}{4\pi\varepsilon_0}\frac{e^2}{r^2} \tag{1}$$

また，電子の物質波の波長は，プランク定数を h とすると

$$\frac{h}{Mv} \tag{2}$$

であるから，自然数を l として

$$2\pi r = l\frac{h}{Mv} \tag{3}$$

である．

従って，電子の持つエネルギー E_l は

$$\begin{aligned} E_l &= \frac{1}{2}Mv^2 - \frac{1}{4\pi\varepsilon_0}\ \frac{e^2}{r} \\ &= \frac{1}{2}Mv^2 - Mv^2 \\ &= -\frac{1}{2}M\left(\frac{e^2}{2lh\varepsilon_0}\right)^2 \\ &= -\frac{Me^4}{8h^2{\varepsilon_0}^2}\ \frac{1}{l^2} \end{aligned} \tag{4}$$

となる．

今，電子がエネルギー E_l の軌道から E_k の軌道へ移ったときに放出される光子の振動数を ν

とすると

$$h\nu = E_l - E_k = -\frac{Me^4}{8h^2{\varepsilon_0}^2}\left(\frac{1}{l^2} - \frac{1}{k^2}\right) \quad (5)$$

$$\therefore\ \nu = \frac{Me^4}{8h^3{\varepsilon_0}^2}\left(\frac{1}{k^2} - \frac{1}{l^2}\right) \quad (6)$$

波長 λ を用いて表すと，光速を c として

$$\frac{1}{\lambda} = \frac{\nu}{c} = \frac{Me^4}{8h^3{\varepsilon_0}^2 c}\left(\frac{1}{k^2} - \frac{1}{l^2}\right) \qquad (l > k) \quad (7)$$

この式の比例係数はリュードベリー定数 R とよばれ，それぞれの定数に数値を代入すると

$$R = \frac{Me^4}{8h^3{\varepsilon_0}^2 c} = 1.097 \times 10^7\ /\mathrm{m} \quad (8)$$

となる．

このように原子が発する光から，原子の構造を知ることができる．なお，これらの結果はエネルギーに関しては量子力学的に考えてもたまたま同じ結果が得られる．

整数 k が 2 のときのスペクトルは可視光領域にあり，バルマー系列とよばれる．このとき整数 l の値に対する光には名前がついており，$l = 6$ までのそれぞれについて光の波長や色と共に表 1 に示す．

表 1

l	名称	波長 [nm]	色
3	H_α	656.3	赤
4	H_β	486.1	緑青
5	H_γ	434.0	青
6	H_δ	410.2	すみれ

(2) 回折格子

波長 λ の単色光の平行光線 (この実験では分光器のコリメーターからやってくる) が図 2 のように格子面に垂直に入射するとホイヘンス (Huygens) の原理の示すように，各スリットが波源となって各方向に進む．

今，入射方向と θ_m の角をなす方向に回折する光束について考える．格子間の間隔を d(格子定数という) とし，隣り合う光線の行路差を Δ とする．Δ が λ の整数倍に等しいときは格子の各透明部からの光をレンズで集めると互いに強め合って，レンズの焦点に明るい回折像 $\mathrm{S_m}$ ができ，従って θ_m が

$$\Delta = d\sin\theta_m = m\lambda \qquad (m = 0, 1, 2, \cdots) \quad (9)$$

の条件を満たすときは明るい像ができる．m はスペクトルの次数といわれ，図 3 のように，明るい像 $\mathrm{S_0}(m = 0)$ を中心に左右対称に明るい像ができる．

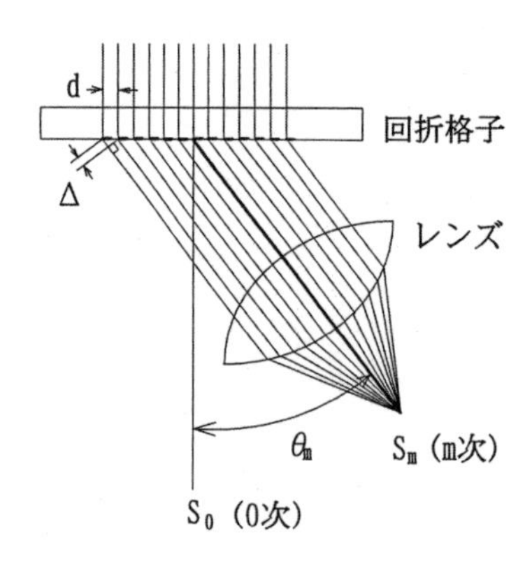

図2　回折格子による干渉縞

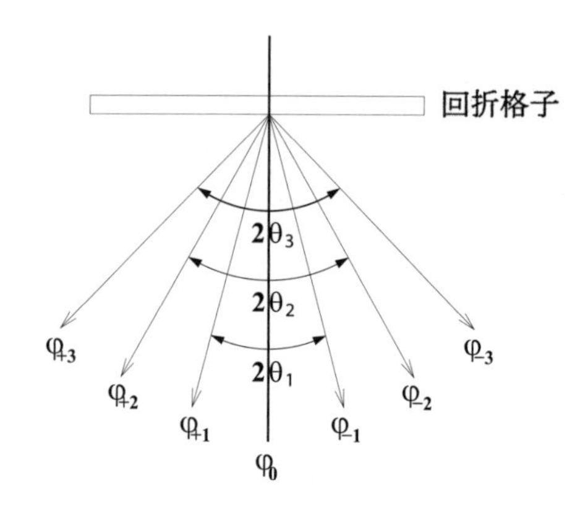

図3　明るい像と角度の関係

単位長さ内に含まれる格子線の数を n とすると

$$n = \frac{1}{d} \tag{10}$$

であるから

$$\lambda = \frac{\sin\theta_m}{mn} \tag{11}$$

である．

3 装置

分光計 [注 1]，水素スペクトル光源装置 [注 2]，回折格子，回折格子支持台

[注 1]　10 屈折率，74 ページに示してあるものと同じものを用いる．73 ページの分光計の準備と調整を参照すること．

[注 2]　水素スペクトル管，管支持装置，電源装置で構成されている．

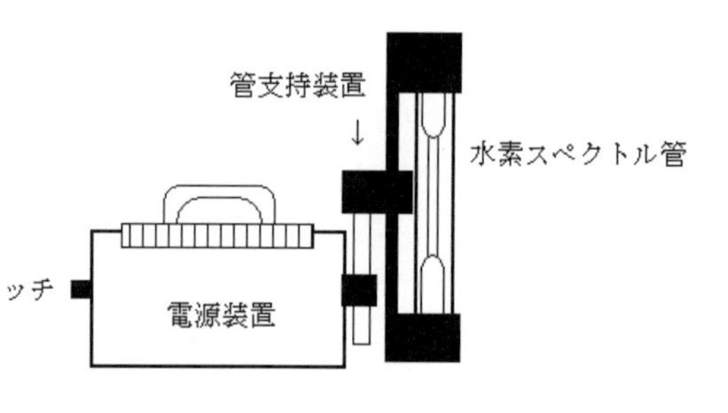

図4　水素スペクトル光源装置

4 方法

(1) 74 ページの図 2(a) を参照して，分光計のコリメーター (C の筒) の正面 (S_1 側) にスペクトル管を接するようにセットする．分光計の調整 (オートコリメーション) については 73 ページに示してあるが，調整はすでに行ってあるので以下の操作に必要でない部分には手を触れないこと．

(2) 水素スペクトル光源装置の電源スイッチを ON にし，スペクトル管を発光させる．高電圧が発生しているので管の上下端周辺には手を触れないよう注意する．途中で電源を OFF にすると，次に ON にしてもしばらく点灯が不安定になるので，測定が全て終了するまでは OFF にしてはならない．

(3) コリメーターのスリット側にあるネジ S_1 を操作して，スリットを 1 mm ほど開いておく．コリメーターのスリットのない方の端にはレンズがある．そこからのぞいたときに光が最も明るく見えるように分光計の位置・方向を微調整する．

(4) 望遠鏡の接眼部を出し入れし，十字線が鮮明に見えるようにする．暗くて見えにくい時は，電気スタンドの光をわずかに望遠鏡に入れるとよい．

(5) ネジ D_2 を調整し，明線の輪郭が最もはっきり見えるようにする．

(6) 回折格子に表示されている格子数を記録し，これを分光計のプリズム台の中央に置く．このとき，格子の線が刻まれていない面を光源側に向け，通過する光に対して格子面が垂直になるようにセットする．回折格子の線が刻んである部分に指をふれてはならない．

(7) スリットの幅を狭くすると，回折像が暗くて見えにくくなることがある．スリットをしぼる前に，図 3 に示した H_α，H_β の 1 次の像，2 次の像が現れるおおよその角度 φ_{+m}，φ_{-m} を調べてメモしておく．

(8) 望遠鏡 (T) が分光計のコリメーター (C) と一直線になるようにし，接眼レンズをのぞきながら，スリットの幅をできるだけ狭くする (角度の測定誤差を小さくするため)．ただし，狭くし過ぎると暗くて測定しにくくなる．

(9) さらに，十字線 (照準) の交点を中央の S_0 の像の横幅の真中に合わせ，そのときの角度 φ_0 を読みとる．この角度と次の方法 (10) で得る角度は誤差の検討の資料になる．

(10) S_0 の像の横幅の左端に十字線を合わせ，そのときの角度 φ_{+0} を読みとる．幅の右端についても同様に読み取りこれを φ_{-0} とする．

測定例 1

$$n = 200\,/\mathrm{mm}$$
$$\varphi_0 = 84^\circ\ 50'$$
$$\varphi_{+0} = 84^\circ\ 51'$$
$$\varphi_{-0} = 84^\circ\ 48'$$

(11) H_α 線の 1 次の像の角度 φ_{+1} 及び φ_{-1} を 3 回ずつ読みとる．2 次の像についても同様に読み取る．副尺の零線が主尺の $20'$ または $40'$ の線を超えているときは，副尺の読みにそれぞれ $20'$ または $40'$ を加えること．

(12) $2\theta_m = \varphi_{+m} - \varphi_{-m}$，$\theta_m$ 及び波長 λ を計算し，測定データと共に表にする．λ の値は有効数字 4 桁まで出す．

測定例 2　H_α の波長の測定

m	φ_{+m}	φ_{-m}	$2\theta_m$	平均の θ_m	λ_α [nm]
1	$92^\circ 23'$ $92^\circ 23'$ $92^\circ 23'$	$77^\circ 16'$ $77^\circ 16'$ $77^\circ 16'$	$15^\circ 07'$ $15^\circ 07'$ $15^\circ 07'$	$7^\circ 34'$	658.4
2	$100^\circ 05'$ $100^\circ 06'$ $100^\circ 05'$	$69^\circ 38'$ $69^\circ 38'$ $69^\circ 37'$	$30^\circ 27'$ $30^\circ 28'$ $30^\circ 28'$	$15^\circ 14'$	656.9

(13) H_β についても同様の測定と計算を行う．

(14) H_α, H_β の波長 $\lambda_\alpha, \lambda_\beta$ を求める．

(15) $\lambda_\alpha, \lambda_\beta$ の値を用いて，式 (7) よりリュードベリー定数 R を求める．

結果例

リュードベリ定数　$R(H_\alpha) = 1.095 \times 10^7$ /m

リュードベリ定数　$R(H_\beta) = 1.089 \times 10^7$ /m (公値は 1.097×10^7 /m)

検討　絶対誤差と相対誤差の評価

$\lambda_\alpha, \lambda_\beta, R$ の測定値と公値を比較し，絶対誤差と相対誤差を求めよ．

15 波形観測

1 目的

オシロスコープの原理及び使用法を学び，これを用いて電気信号の波形観測を行い，電気回路に関する初歩的な知識を学ぶ．

2 理論

[1] 基本的な機構

オシロスコープはブラウン管とブラウン管を制御する電子回路からなり，その動作原理を理解するにはブラウン管の構造･機能を知ることが大切である．ブラウン管は3つの部分に分けられる．図1でAの部分は“電子銃”である．電子銃は熱電子を加速し，一定の速度と密度の電子のビーム (束) を管面に向けて放出する (詳しくは93ページ，比電荷の実験の (1) 電子銃によって加速される電子を参照)．Bの部分には左右と上下に一対づつ向き合った電極板がある．左右に向き合う方を“水平偏向板”といい，上下の方を“垂直偏向板”という．水平偏向板には経過時間に比例して増加した後，急激に零に戻る電圧が周期的にかかり，垂直偏向板には入力電圧 (被測定電圧) に比例した電圧がかけられる．これらの電圧が電子ビームの軌道を曲げることになる．Cは平面のスクリーンで，電子の衝突で発光する蛍光塗料が塗ってあり，電子ビームが当たると明るいスポットを生じる．スクリーンの外側表面 (観測者側) には目盛り線があり，スポットの座標を読みとることができる．

(1) 水平偏光板

水平偏向板にかかる，時間に比例した電圧は，オシロスコープ内部の発振器で作られ，図1に示すように縦軸を電圧，横軸を時間で描くとノコギリの刃の様な形をしている．これを“鋸歯状波”という．いま，被測定電圧をゼロとすれば，電子ビームの縦方向の曲がりはなく，電子は水平偏向板の極板の＋側に引かれ－側からは反発されるため，電子ビームは＋極板の方向に曲がる．この曲がりの程度は鋸歯状波の各瞬間の電圧に比例する．

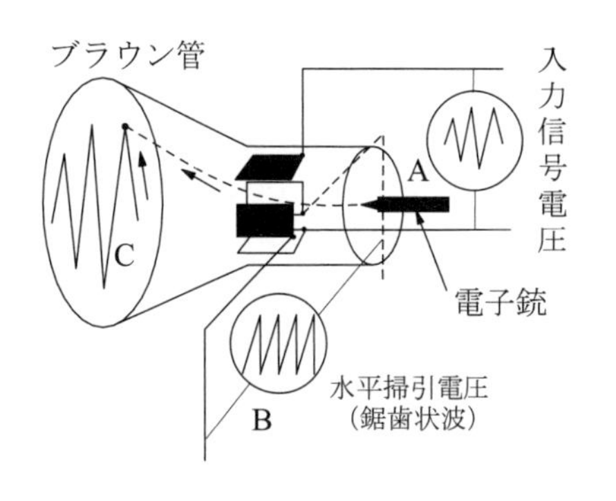

図1　オシロスコープの概略図

この動作をスクリーン上のスポットで見ると，画面左端に現れたスポットが一定の速度で右へ水平に移動し，次に非常に短い時間内に右端から左端に戻る．この運動を“水平掃引”という．掃引の繰り返しを速くすると，蛍光塗料の残光特性によりスポットの軌跡は一本の線に見える．掃引に要する時間を“掃引時間”といい，水平に1目盛通過するのに要する時間で表す．掃引時間は広い範囲にわたって値を切り替えることができる．

(2) 垂直偏向板

被測定電圧は，増幅器を通して垂直偏向板に接続され，電子ビームを垂直方向に曲げる．スポットを垂直方向に 1 目盛り動かすのに必要な入力電圧を “感度” という．感度はスイッチの切り替えにより広い範囲にわたって変化させることができる．

このようにして，横軸を時間軸に，縦軸を入力電圧にとったグラフをスポットの軌跡で映し出すのがオシロスコープの基本動作になっている．以後，スクリーン画面上の像を “波形” とよぶことにする．

[2]　周期的な信号の観測

(1) 静止波形の観測

入力電圧が非周期的だと一回目の掃引と次の掃引とでは異なる波形が現れるから静止した波形を見ることはできない．入力波形が周期的な場合には，掃引開始のタイミングを適当に設定すれば，同一波形を画面に繰り返し現すことができるので波形を静止させることができる．

ある電圧の値をオシロスコープに通告しておき，入力電圧がその電圧と等しくなった時を引金 (トリガー) にして掃引を開始する．オシロスコープに通告した電圧を “トリガー・レベル” という．この方法によれば，1 周期の間に入力電圧が同じ値をとることがない限り，掃引時間をどのような値にしようと波形は完全に静止して見える．1 周期内に同一電圧値を 2 回とる場合には，どちらのタイミングでトリガーするのかをオシロスコープに知らせる必要がある．この通告は入力波形のトリガー・レベルにおける勾配のプラス・マイナス (電圧が増加中ならば勾配はプラス) を設定して行う．勾配の選択はスロープ・スイッチを操作して行う (図 2)．

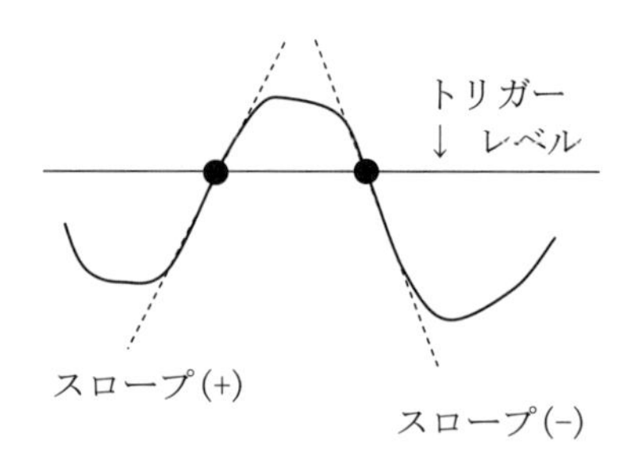

図 2　スロープとトリガーレベル

オシロスコープは，1 つの掃引を終えた後ただちに次のトリガーを受付けられるわけではなく，一定の時間だけ休止状態にある．この時間を “ホールド・オフ時間” といい，この時間も調整することができる．

実際に波形観察をするときには，トリガー・レベル，スロープ，ホールド・オフ時間，掃引時間，感度などを調整し，波形を見やすい位置に安定させる必要がある．このようにして静止した安定な波形を得ることを “同期 (シンクロ) をとる” という．

(2) 二現象の観測

二つの波形を表示して比較するために二つの入力端子 (CH1，CH2) がついたオシロスコープがある．これは “二現象オシロスコープ” とよばれる．1 本の電子銃で二つの現象を表示するには “オルタネイト” と “チョップ” の二つの方法がある．

オルタネイトでは，1 回目の掃印で CH1 の波形を表示し，次の掃引で CH2 を表示する．これを高速でくり返して二現象を表示しているように見せるのである．この方法は掃引時間が短い場合に適する．

チョップでは，一回の掃引のうちに CH1 と CH2 の信号を電子スイッチで交互に切り替えて垂直偏向板に送り，二つの現象を点列として表示する．電子スイッチの動作は非常に高速であり，見た目には点列にはならず独立した 2 本の線に見える．この方法は掃引時間が長い場合に適している．

二現象を表示させるためには，どちらのチャンネルの信号で同期をとるのかを指定する必要があり，そのための選択スイッチがついている．

[3] 正弦波の観測

正弦関数で表される周期的な波を正弦波と呼ぶ．発振器から送られる正弦波は，オシロスコープの画面では 図 3 のように観測される．横軸を t として，この波形を式で表すと

$$V(t) = A\sin(\omega t + \theta_0) \tag{1}$$

となる．ここで A は振幅，ω は角周波数 (角振動数)，θ_0 は初期位相と呼ばれる．振動の周期を T，周波数 (振動数) を f とすると，次の関係が成り立つ:

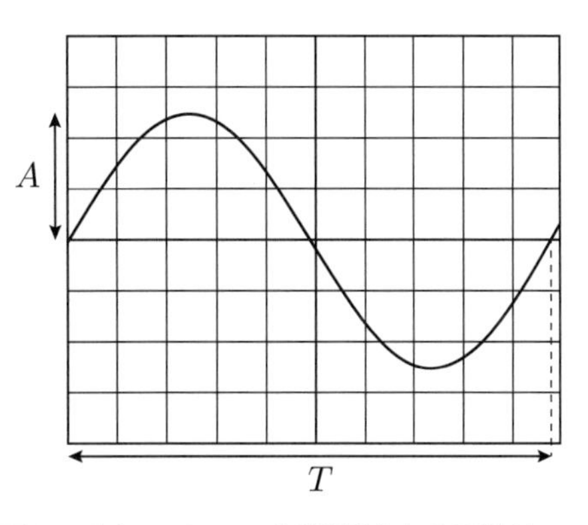

図 3　オシロスコープで観測される正弦波
(TIME/DIV = 1 ms, VOLTS/DIV = 2 V)

$$\omega = \frac{2\pi}{T} = 2\pi f. \tag{2}$$

例えば，図 3 の場合，縦軸は電圧のため振幅は $A = 5.0\,\mathrm{V}$ となり，周期は $T = 9.80\,\mathrm{ms}$ のため角周波数は $\omega = 641\,\mathrm{rad/s}$ と計算される．

[4] 非周期的な信号の観測

入力電圧の変化が周期的でない場合には，掃引するたびに毎回ちがう波形が現れ，残光特性のためにたくさんのグラフが重なったように見えてしまう．そこで，掃引を 1 回限りにすれば画像の重なりが避けられる．これを “単掃引” という．掃引が 1 回だけだから画像はすぐに消えてしまう．単掃引の観測には，入力信号を IC メモリに記憶してそれを繰り返し画面に表示する機能を持つオシロスコープが適している．

[5] 外部掃引

通常の掃引にはオシロスコープ内部の鋸歯状波を使うため横軸は時間軸になるが，横軸を時間軸以外の電圧信号にとるためのモードが用意されている．これを外部掃引モードという．この機能により，ある入力信号 (電圧)X と他の入力信号 (電圧)Y との間に $Y = f(X)$ の関係があるとき，電圧 X を外部掃引端子に，電圧 Y を通常の入力端子に接続すれば $Y = f(X)$ のグラフが得られることになる．つまり，二つの電圧の相関を観察することができる．本実験で使用するオシロスコープでは，モード切り替えにより CH1 が X 軸信号端子，CH2 が Y 軸信号端子になる．

3 装置

オシロスコープ，オシロスコープ用プローブ 2 本，発振器 2 台，電気回路ボード，リード線，テスター

[注意]　オシロスコープの最大許容入力電圧　　　　：400 V
　　　　オシロスコープ用プローブ最大許容入力電圧　：600 V

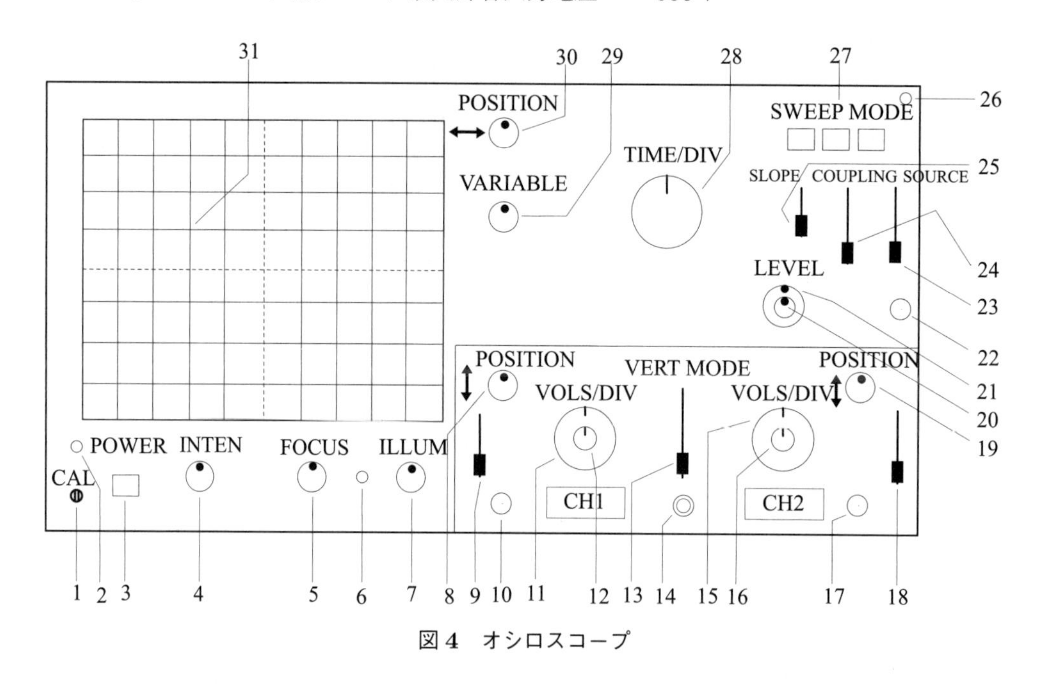

図 4　オシロスコープ

4 方法

ブラウン管面のスポットが停止状態になったときは輝度を暗くする．蛍光面の一点だけに電子が集中して蛍光面が傷むのを防ぐためである．

なお，具体的な操作方法はマニュアルを参照すること．

I 発振器を用いた基本操作

実験 1．正弦波の観測

CH1 の測定用端子 (プローブ) に発振器 No.1(マニュアルに従い周波数 100 Hz，出力+10 db，WAVE FORM(3) を正弦波にする) を接続し，CH2 のプローブに発振器 No.2(周波数 50 Hz，出力 10 db，正弦波) を接続する．プローブは鈎状の方がプラス端子，ミノ虫状のが接地端子である．マニュアルに従い図 4 のオシロスコープの各スイッチを標準状態にセットする．

(1) 以下の操作を行い静止波形を観測する．

① INTEN(4)，FOCUS(5)，ILLUM(7)，POSITION(8)(30) を操作し，ブラウン管画面上の波形変化を観測する．

② TIME/DIV(28)，VOLTS/DIV(11) を操作し，掃引時間と感度を変えて変化を観測する．

③ LEVEL(20)，SLOPE(25) を操作し，トリガーレベルとスロープ (図 2) による変

化を観測する．

(2) CH2 の波形を画面にだす (SOURCE(23) を CH2，VERT MODE(13) を CH2 に切り替える)．VOLTS/DIV(15)，TIME/DIV(28)，POSITION(19) を操作し，CH2 の波形の変化を観測する (ここまでの操作は班の一人一人が実際に行い，各ツマミの働きを体験する)．

(3) 各スイッチを標準状態にセットした後，CH1 の波形の横軸の読みから周波数を計算し発振器の読みと比べる．発振周波数 (誤差 3% 未満) とスケールの読み取りには誤差が避けられず，合わせて 10％ 程度の誤差は許される．

(4) 発振器の周波数を変化させ静止波形 (図 5) の変化を見る．

実験 2. 方形波の観測

各スイッチを標準状態にセットした後，CH1 に発振器 No.1 を接続する．発振器の WAVE FORM(3) を方形波，周波数を 5 kHz にセットする．

実験 1 の方法 (1) と同様の観測をする．(図 6)

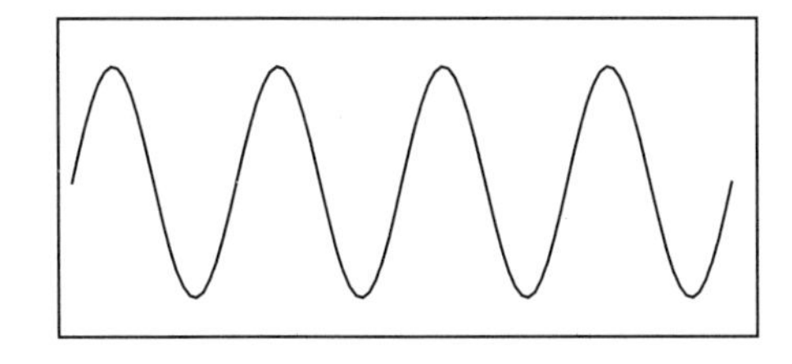

図 5 正弦波

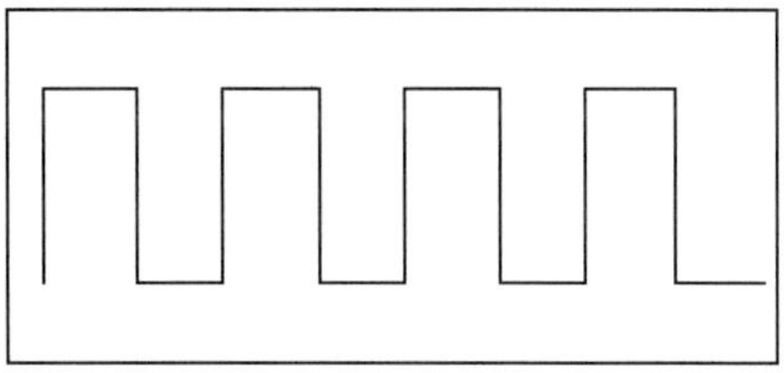

図 6 方形波

[**報告 1**] 指導者が出題した正弦波について，スクリーン目盛を読み取り，TIME/DIV, VOLTS/DIVの読みから周波数及び電圧を求める．

実験 3. 合成波の観測

各スイッチを標準状態にセットした後，CH1 に発振器 No.1(正弦波，100 Hz)，CH2 に発振器 No.2(正弦波，約 50 Hz) を接続する．

(1) CH1，CH2 の各々の波形を観測する (チャンネルはVERT MODE(13) で切り替える)．

(2) CH1，CH2 の波形を画面に同時に出し，二現象として観測する (VERT MODE (13) を [DUAL] にする．図 7 のような画面が出る)．ここで，SOURCE(23) を交互に CH1, CH2 に切り替えその働きを調べる．

(3) CH1,CH2 の電圧を加算した合成波形を観測する (VERT MODE (13) を [ADD] にする)．

(4) CH2 の周波数 f_2 を CH1 の周波数 f_1 の約 3 倍にし，図 8 のような合成波形を観測する．

(5) 発振器 No.1，No.2 の周波数をおよそ 5 kHz にし，発振器 No.2 の周波数を変化させ合成波を観測する (VERT MODE(13) を [ADD]，図 9 のような画面にする)．

実験 4. リサージュ図形の周波数による変化 (外部掃引モード)

CH1 に発振器 No.1 (正弦波，100 Hz)，CH2 に発振器 No.2 (正弦波，~200 Hz) を接続する．

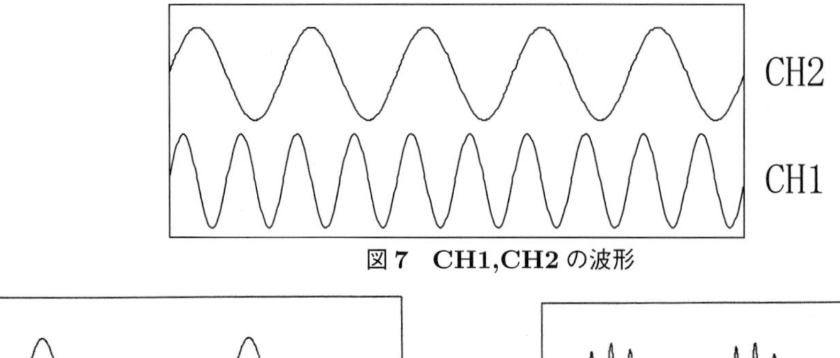

図 7　**CH1,CH2** の波形

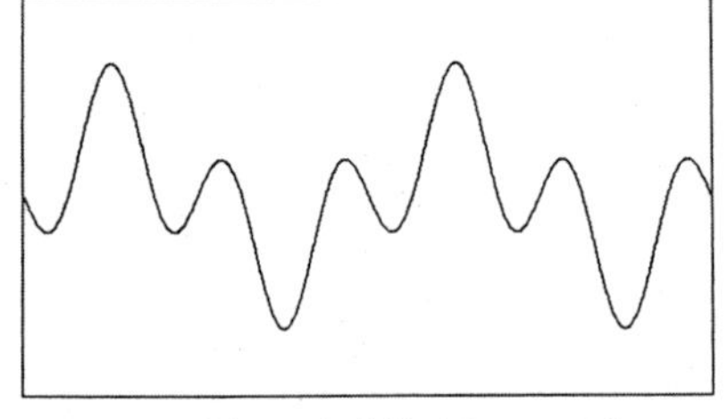

図 8　合成波 ($f_2 = 3f_1$)

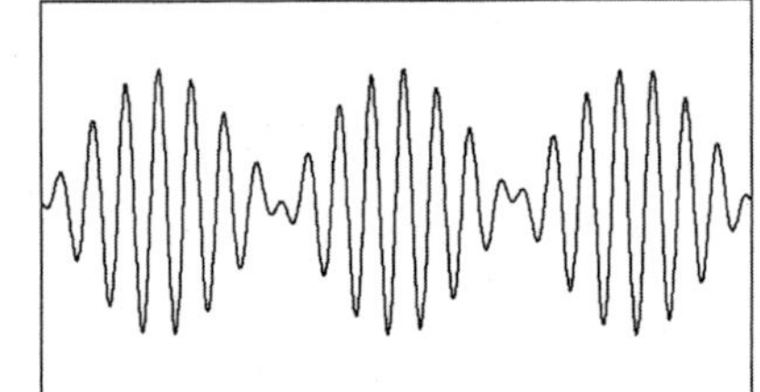

図 9　合成波

(1) CH1，CH2 の波形を二現象画面で観測する (VERT MODE (13) を [DUAL] にする).

(2) リサージュ図形を観測する．VERT MODE を [X-Y], SOURCE (23) を [X-Y], TIME DIV (28) を [X-Y] に切り替える．発振器 No.2 の周波数を変化させてさまざまな波形を観察する．図 10 を参照.

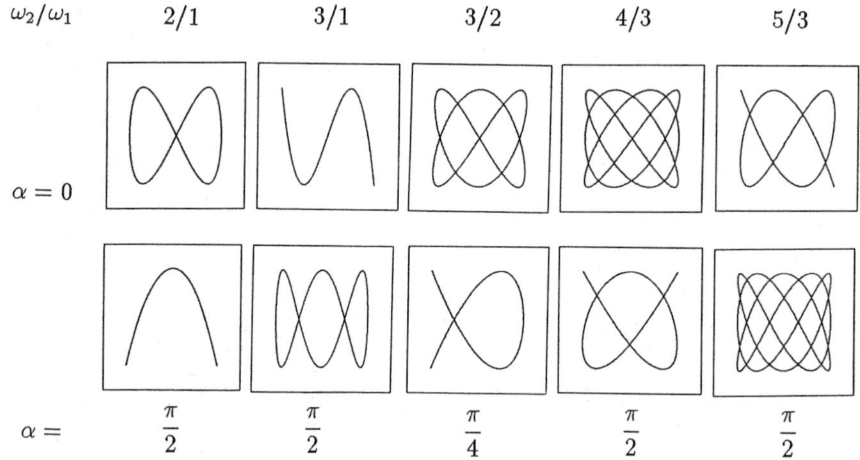

X, Y 軸にそれぞれ $X = \sin\omega_1 t$, $Y = \sin(\omega_2 t + \alpha)$ を入力したときのリサージュ図形．上段は $\alpha = 0$，下段は α が $\pi/2$ または $\pi/4$ の場合.

図 10　リサージュ図形

II 電気回路ボードを用いた波形変化の観測

実験 5. リサージュ図形の位相による変化

図 11 は入力電圧を最大値の等しい 2 つの電圧 (AO 間と BO 間) に分岐させ，二つの出力の位相差だけをコントロールする回路である．回路の電源として発振器 No.1 (正弦波 200 Hz) を接続し，AO を CH1 に，B を CH2 のフック端子に接続する.

[注意] この回路の場合，接地側の接続は O 端子にミノ虫を一つ咬ませればよい．2 つのプローブの接地側 (ミノ虫の端子) はオシロスコープ内部では直接つながっており，電気的には全く同一だからである．逆に，プローブの接地側を 2 個使用するときは特別に注意しなければならない．測定される側の回路を 2 つの接地プローブがショートしてしまう危険があるからである．

(1) 位相差が 0 の場合のリサージュ図形 (図 12，位相差 0)

CH1，CH2 の波形を二現象画面に出し，可変抵抗の抵抗値 (R_V) を調節して同じ位相になるようにする (VERT MODE(13) を [DUAL] にする)．次にリサージュ図形に切り替えて，直線になることを観測する．

(2) 位相差 π のリサージュ図形 (図 12，位相差 π)

VERT MODEを [DUAL] に戻し，CH1，CH2 の波形が位相 π だけずれるように可変抵抗を調節する．次にリサージュ図形に切り替えて，(1) と同様に直線になることを観測する．

(3) 位相差 $\pi/2$ のリサージュ図形 (図 12，位相差 $\dfrac{\pi}{2}$)

リサージュ図形の状態で円になるように可変抵抗を調節する．VERT MODEを [DUAL] にもどし 2 つの波形の位相が $\dfrac{\pi}{2}$ ずれていることを観測する．

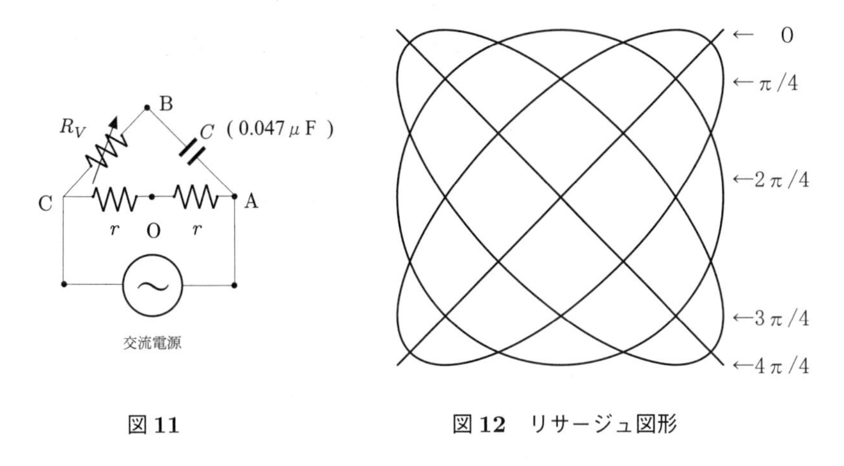

図 11　　　図 12　リサージュ図形

[報告 2] 図 11 の回路について位相差が $0, \dfrac{\pi}{2}, \pi$ のときのリサージュ図形をグラフにスケッチする．

実験 6．オームの法則の観測

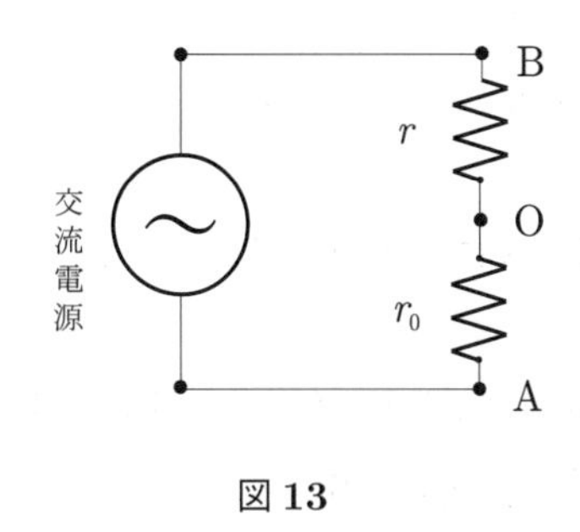

図 13

(1) 図 13 の回路でテスターを使って電気抵抗 r，r_0 を測定する．また，AB 間の抵抗をテスターで測定し，合成抵抗の値が $r+r_0$ であることを確かめる (テスターの許容誤差は 100 Ω の測定で ±4 Ω，1 kΩ の測定で ±40 Ω 程度である)．

(2) 図 13 の回路の電源として発振器 No.1 (正弦波 200 Hz) を接続し，BA を CH1 に，O を CH2 のフック端子に接続する．CH1，CH2 の波形を各々観測した後，CH1，CH2 の波形を同時に観測する．出力電圧の比は CH2/CH1= $\frac{r_0}{r_0+r} \simeq 0.9$ となること，位相のずれがないことを確認する．

[**報告 3**] r，r_0，$r+r_0$ の値 (実験 6，方法 (1) の結果) を報告する．

実験 7．コンデンサー充放電電圧の波形観測

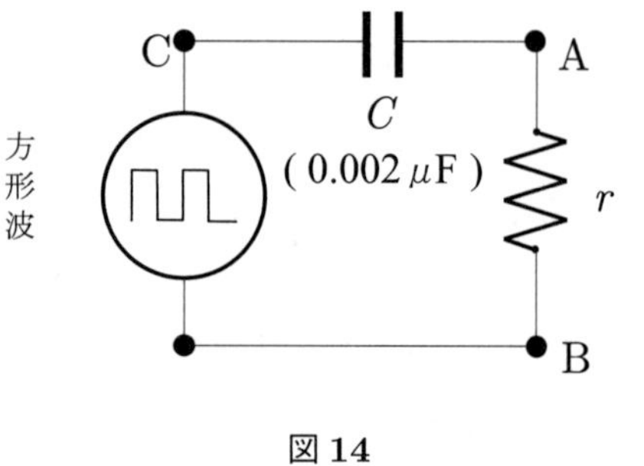

図 14

図 14 の回路の電源として発振器 No.1 (方形波，500 Hz〜1 kHz) を接続し，CA を CH1 に，B を CH2 のフック端子に接続する．

(1) CH1 を画面に出し，図 15 に示すコンデンサーの充・放電波形を観測する (TIME ／ DIV(28) を小さい値にする)．

(2) CH2 を画面に出し，r [Ω] の抵抗を流れる電流波形を観測する (図 16)．この波形はコンデンサーに流入する電流波形と同一である．このとき，CH2 側の POSITION(19) を引っ張り極性を逆転させる．プローブの接続が電流方向と逆になっているのを補償するためである．

(3) CH1，CH2 の波形を同時に観測する．コンデンサーが充電，放電される初期に大きな電流が流れ，時間の経過とともに電流は急激に減少することが観測されるであろう．

[**報告 4**] コンデンサーの充・放電の電圧波形とコンデンサーに流れ込む電流の波形 (実験 7，方法 (3) の結果) をスケッチする．

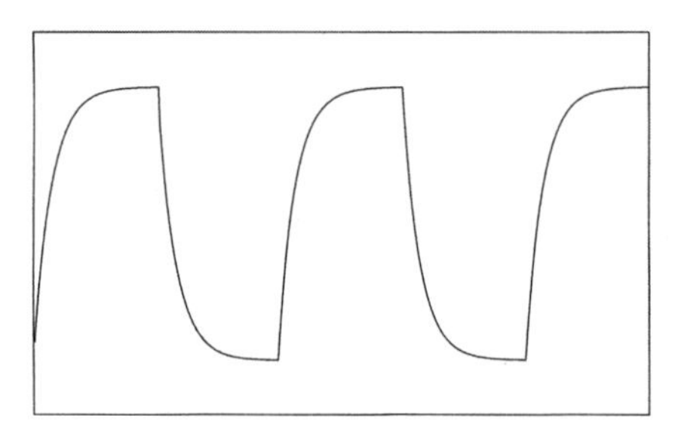

図 15　コンデンサーの充・放電波形

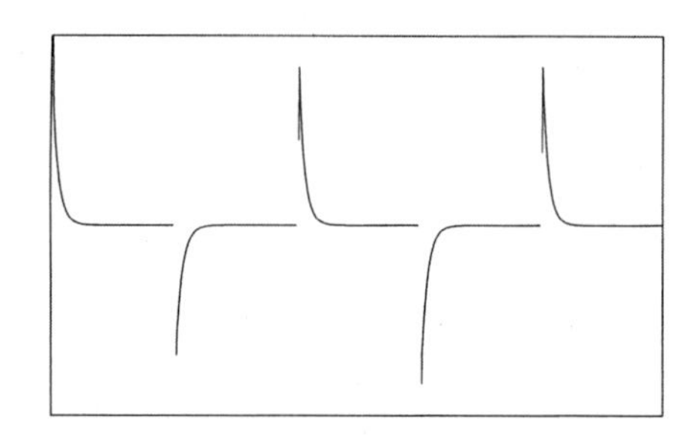

図 16　コンデンサーへの流入電流波形

実験 8．減衰振動

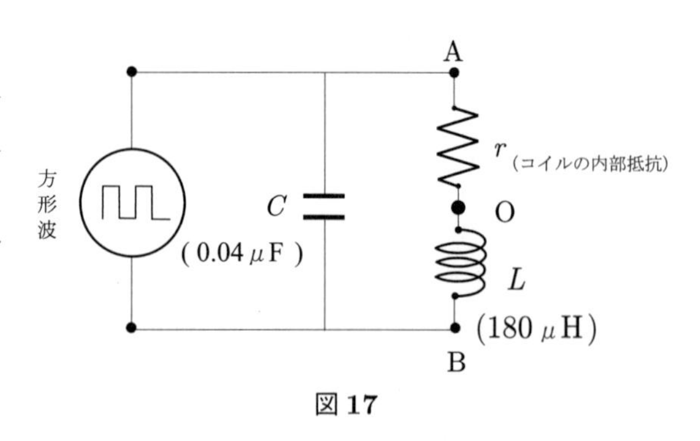

図 17

図 17 の回路の電源として発振器 No.1 (方形波 〜1 kHz) を接続し，AB を CH1 に接続する．

図 18 に示す減衰振動の波形を観測する (図 18 の波形を観測するには TIME /DIV(28) を小さな値にし，LEVEL(20)，および HOLD OFF(21) を調整し同期をとる)．

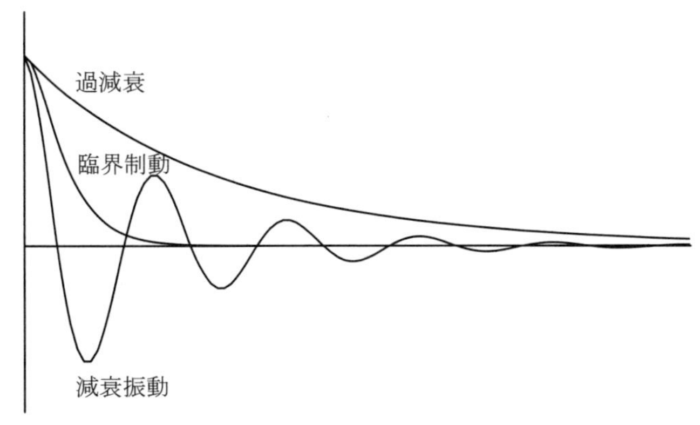

図 18　電気振動

実験 9．共鳴周波数の測定

実験 8 の接続のまま発振器の出力を正弦波，周波数レンジを ×10 kHz にする．

波形を見ながら発振周波数を変え，共鳴状態 (振幅が最大になる) をさがし，共鳴時の周波数を発振器から読み取る．

[**報告 5**] ① 発振器から読んだ共鳴周波数を報告する．

② 共鳴周波数 f_0 はコイルの自己インダクタンス L，コンデンサーの静電容量 C の値から，$\omega_0^2 = \dfrac{1}{LC}$，　$2\pi f_0 = \omega_0$ より求めることができる．あたえられた L, C の値から共鳴周波数を計算し，①の共鳴周波数と比較して報告する．ただし，回路の L の公称値は許容誤差が大きく，最大では 20% にも達することがある．

実験 10．ダイオードの整流特性

図 19 の回路の電源として発振器 No.1(正弦波, 100 Hz) 接続し，BA を CH1 に，O を CH2 のフック端子に接続する．

CH1，CH2 の波形を二現象画面に出力する．BO 間のダイオードには，図 20 で示されるように電圧が小さくてもプラス方向には電流 I が流れるが，マイナス方向には大きな電圧がかからないと流れない．したがって，ダイオードを流れる電流波形 (OA 間の電圧波形) は図 21 のようになり，電源電圧 (BA 間) の波形がプラスになったときだけ現れる．これを整流波形という．

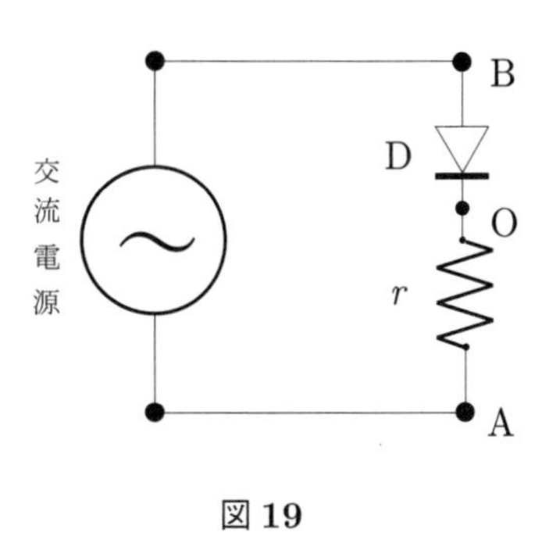

図 19

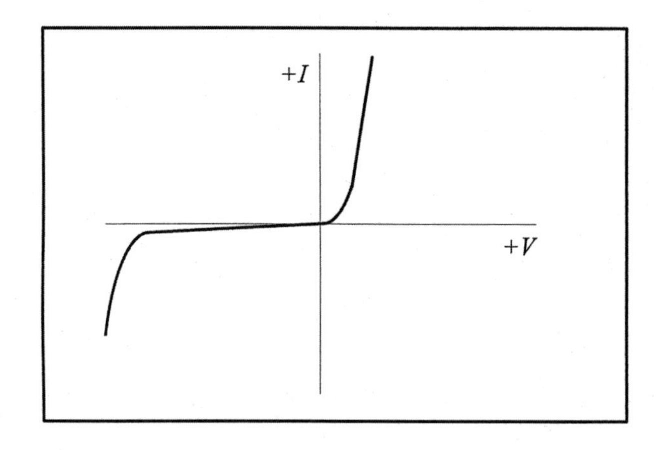

図 20　ダイオードの整流特性

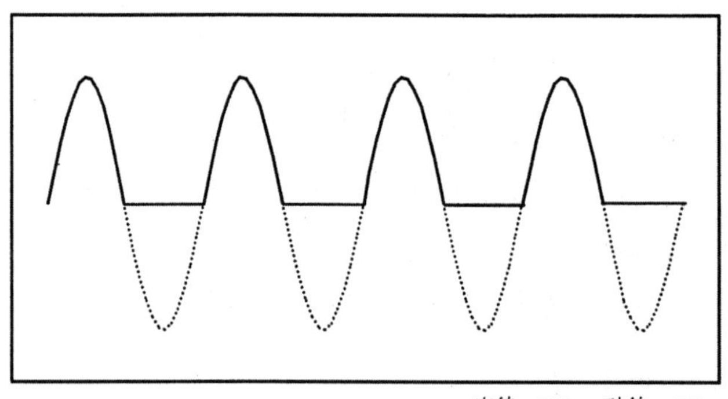

実線：CH2　破線：CH1

図 21　ダイオードを流れる電流の波形

[**報告 6**] 整流波形をスケッチする.

第 III 部

付録

1 誤差論

1 Gaussの誤差分布関数

同一量を同一条件のもとで十分多数回直接測定したとき，測定値 x の出現する割合を表わす関数を $f(x)$ とする． $f(x)$ は誤差の生じ方により関数の形が異なる．

ここでは，誤差の生じ方が次の三つの条件を満たすときの分布関数 $f(x)$ を求める．

① 小さい誤差の生じる確率は，大きい誤差の生じる確率より大きい．従って測定量の真の値を X としたとき，誤差の分布関数の最大値は $f(X)$ である．

② 大きさの等しい正負の誤差 $\pm e$ の生じる確率は等しい．従って，

$$f(X+e) = f(X-e).$$

③ ある程度以上の大きさの誤差は実際上生じない．

同じ物理量を十分多数回 (n 回) 繰り返し測定したとして，i 番目の測定値を x_i，その誤差を e_i，真の値を X とする．誤差の定義により，それらの間には

$$\left.\begin{aligned} e_1 &= x_1 - X \\ e_2 &= x_2 - X \\ &\vdots \\ e_i &= x_i - X \\ &\vdots \\ e_n &= x_n - X \end{aligned}\right\} \tag{1}$$

の関係がある．

$f(x)$ を求める前に，誤差 e の分布関数 $g(e)$ を考える． $g(e)$ を用いると，誤差が e と $e+de$ の間にある確率は

$$g(e)\,de$$

と表せる．従って n 回測定をしたとき，各測定の誤差が $e_1, e_2, \cdots e_n$ となる確率は

$$\begin{aligned} P(de)^n &= g(e_1)g(e_2)\cdots g(e_n)(de)^n \\ &= g(x_1-X)g(x_2-X)\cdots g(x_n-X)(de)^n \end{aligned} \tag{2}$$

となる． n の十分大きな値に対して， $e_1, e_2, \cdots, e_n$ の誤差が生じたということは，この誤差の値の組合せが最も生じやすいからである．つまり，このとき P が最大になっている．従って P を真の値 X の関数として見直すと， X は

$$\frac{dP}{dX} = 0 \tag{3}$$

を満たしている． 一方，式 (2) の両辺の自然対数をとると

$$\log P = \log g(e_1) + \log g(e_2) + \cdots + \log g(e_n) \tag{4}$$

であるから，

$$\frac{d\log P}{dX} = \frac{d\log P}{dP}\frac{dP}{dX} = \frac{1}{P}\frac{dP}{dX}$$
$$= \frac{d\log g(e_1)}{dX} + \frac{d\log g(e_2)}{dX} + \cdots + \frac{d\log g(e_n)}{dX}$$

式 (1) を用いれば

$$\frac{d\log P}{dX} = -\left\{\frac{d\log g(e_1)}{de_1} + \frac{d\log(e_2)}{de_2} + \cdots + \frac{d\log g(e_n)}{de_n}\right\} \tag{5}$$

となる．

式 (3) と式 (5) より

$$0 = \frac{d\log g(e_1)}{de_1} + \frac{d\log g(e_2)}{de_2} + \cdots + \frac{d\log g(e_n)}{de_n}$$
$$= \frac{d\log g(e_1)}{e_1 de_1}e_1 + \frac{d\log g(e_2)}{e_2 de_2}e_2 + \cdots + \frac{d\log g(e_n)}{e_n de_n}e_n \tag{6}$$

となる．また誤差の生じる条件 ② より

$$e_1 + e_2 + \cdots + e_n = 0 \tag{7}$$

式 (6) と式 (7) が恒等的に成り立つためには

$$\frac{d\log g(e_1)}{e_1 de_1} = \frac{d\log g(e_2)}{e_2 de_2} = \cdots = \frac{d\log g(e_n)}{e_n de_n} = k \qquad (k \text{ は定数})$$

でなければならない．従って任意の大きさの誤差 e について

$$\frac{d\log g(e)}{de} = ke$$

がなりたつ．この式の両辺を e で不定積分すると

$$\log g(e) = \frac{1}{2}ke^2 + \log C \qquad (\log C \text{ は積分定数})$$

故に

$$g(e) = C\exp\left(\frac{1}{2}ke^2\right)$$

となる．定義により，$g(e)$ はいつも正の値をとる関数であり，また誤差の生じる条件 ① より

$$\frac{1}{2}k = -\frac{1}{2\mu^2} \quad (\mu > 0)$$

と書きかえられる．さらに誤差の生じる条件 ③ と分布関数の定義 ($g(e)$ を e の全領域にわたって積分すれば 1 になる) より

$$\int_{-\infty}^{\infty} g(e)de = \int_{-\infty}^{\infty} C\exp\left(-\frac{e^2}{2\mu^2}\right)de$$
$$= C\sqrt{2\pi}\mu$$
$$= 1$$

故に

$$g(e) = \frac{1}{\sqrt{2\pi}\mu}\exp\left(-\frac{e^2}{2\mu^2}\right) \tag{8}$$

と求まる．

誤差 e が生じる確率は，測定値 x が

$$x = X + e$$

になる確率と等しいから

$$\begin{aligned} f(x) &= g(x - X) \\ &= \frac{1}{\sqrt{2\pi}\mu} \exp\left[-\frac{1}{2}\left(\frac{x - X}{\mu}\right)^2\right] \end{aligned} \tag{9}$$

となる．この関数 $f(x)$ は Gauss の誤差分布関数と呼ばれ，図 1 のような形をしている．また，この場合，式 (2) の P は

$$P = \left(\frac{1}{\sqrt{2\pi}\mu}\right)^n \exp\left[-\frac{1}{2\mu^2}(e_1^2 + e_2^2 + \cdots + e_n^2)\right] \tag{10}$$

となる．

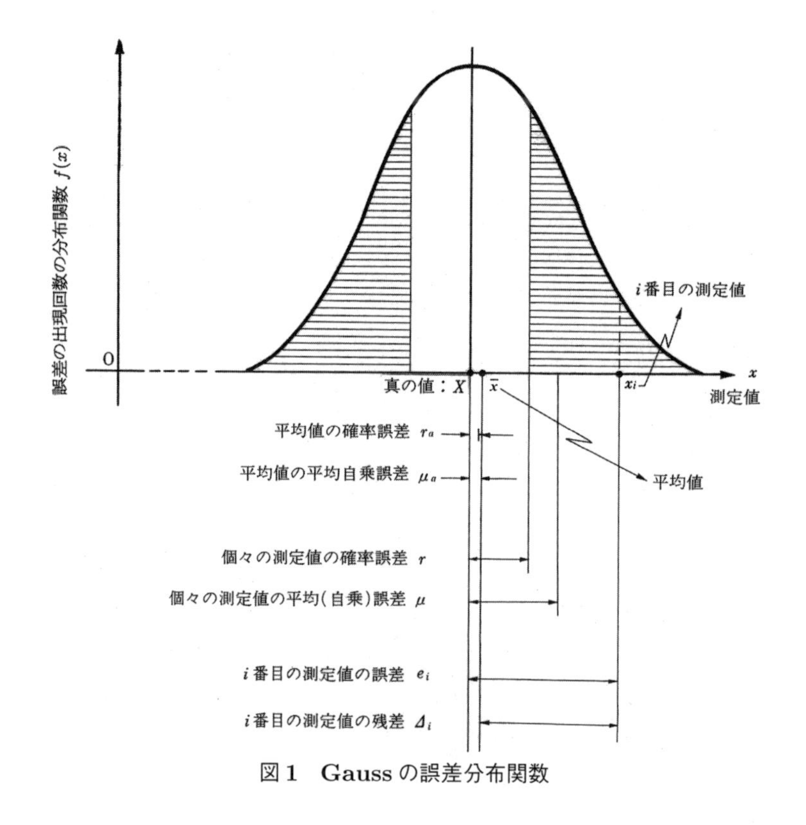

図 1　Gauss の誤差分布関数

実際の測定対象については，「誤差が生じるときの三つの条件」が成立しているという保証はない．つまり，偶然誤差の生じ方がいつでも Gauss の誤差分布関数になっているわけではない．しかし多くの場合にこの条件がもっともらしいこと，他の誤差関数は複雑で使用上不便であること等の理由で，通常は偶然誤差の分布関数として Gauss の分布関数を用いる．この指導書の本文中でも偶然誤差の生じ方は Gauss の分布関数に従うものとしており，これ以後においても，この条件のもとで議論を進める．

2 直接測定における最確値および最小二乗法

(1) 最確値

測定には偶然誤差を伴うので，ある物理量を1回測っただけでは，その測定が真の値にどれ程近いか(その測定値の誤差がどの程度か)，つまり，その測定値の信頼度がどれ位かについて詳しいことはわからない．しかし，多数回繰り返して測定し，その結果を上の誤差法則に基づいて分析すれば，信頼度の高い結果を導き出すことができる．

同じ量を n 回繰り返し測定したとき，測定値の算術平均 $\bar{x}$ は

$$\begin{aligned}\bar{x} &= \frac{x_1 + x_2 + \cdots + x_n}{n} \\ &= \frac{(e_1 + X) + (e_2 + X) + \cdots + (e_n + X)}{n} \\ &= X + \frac{e_1 + e_2 + \cdots + e_n}{n} \end{aligned} \tag{11}$$

となる． n が十分大きいときには，誤差の生じる条件 ② より誤差の和が0になり

$$\bar{x} = X$$

となる． n があまり大きくない場合にも，誤差の生じる条件 ② より算術平均値 $\bar{x}$ は真の値に近く，最も確からしい値と考えられる．従って算術平均値を最確値として用いる．

(2) 最小二乗法

算術平均値が最確値になるということを他の方法で示してみる． n 回の測定を行ったとき，最も生じやすい測定値の組合せは式(10)の P が最大になる場合である．その時は，各測定値の誤差の二乗の和 S

$$\begin{aligned}S &= e_1^2 + e_2^2 + \cdots + e_n^2 \\ &= (x_1 - X)^2 + (x_2 - X)^2 + \cdots + (x_n - X)^2 \end{aligned} \tag{12}$$

が最小になっている．従って

$$\frac{dS}{dX} = -2\left\{(x_1 - X) + (x_2 - X) + \cdots + (x_n - X)\right\} = 0 \tag{13}$$

より

$$\bar{x} = \frac{x_1 + x_2 + \cdots + x_n}{n} = X$$

となる．すなわち， n が十分大きいときには

$$X = \bar{x}$$

となり， n があまり大きくないときにも算術平均値 $\bar{x}$ は最確値になる．

このように，誤差の二乗の和 S が最小になる条件から最確値を求める方法を最小二乗法という．

3 個々の直接測定値の平均二乗誤差と信頼度

次に個々の測定値の誤差についてもう少し考えてみよう．各測定値の誤差が小さいほど測定の精度がよく信頼度が高いのであるから，これらの測定値群の信頼度の目安として，測定値の

誤差の平均値を考えてみる．誤差は正負同じ確率で起こるから，各々の誤差をそのまま足して平均を求めると正負相殺してほとんど零となってしまう．そこで，誤差を二乗した値の平均値を求め，その平方根を σ で表し，信頼度の目安と考えることにしよう．

$$\sigma = \sqrt{\frac{e_1^2 + e_2^2 + \cdots + e_n^2}{n}} = \sqrt{\frac{\sum_{i=1}^{n} e_i^2}{n}} \tag{14}$$

n が十分大きいときには，誤差が e と $e + de$ の間にある確率は前述の

$$g(e)de$$

である．従って σ は式 (8) の誤差分布関数から計算することができて，

$$\begin{aligned}\sigma &= \left[\int_{-\infty}^{+\infty} e^2 g(e)de\right]^{1/2} \\ &= \left\{\int_{-\infty}^{+\infty} e^2 \frac{1}{\sqrt{2\pi}\mu} \exp\left[-\frac{1}{2}\left(\frac{e}{\mu}\right)^2\right] de\right\}^{1/2} \\ &= \mu\end{aligned}$$

となる．従って σ は式 (8) や式 (9) 及び図 1 に出てきた μ と等しい．この μ を個々の測定値の平均二乗誤差，あるいは単に個々の測定値の平均誤差と呼び，個々の測定値の信頼度を表すのに用いる．なお，統計学では μ を標準偏差と呼ぶ．

平均二乗誤差 μ は式 (14) の示す通り，個々の測定値の誤差の平均的大きさの程度を示すもので，測定値群全体のばらつきの程度を知る目安である．測定回数 n を増やしても μ はある一定値に近づくだけであり，だんだん小さくなるというわけではないことに注意しなければならない．

4 個々の直接測定値の確率誤差

図 1 において，x 軸，関数 $f(x)$，及び 2 直線

$$x = X - e$$

$$x = X + e$$

で囲まれた部分の面積を $p(e)$ とすれば

$$\begin{aligned}p(e) &= 2\int_{X}^{X+e} f(x)dx \\ &= 2\int_{X}^{X+e} \frac{1}{\sqrt{2\pi}\mu} \exp\left[-\frac{1}{2}\left(\frac{x - X}{\mu}\right)^2\right] dx\end{aligned}$$

である．

$$t = \frac{x - X}{\mu}$$

と変数変換をすると，

$$p(e) = \sqrt{\frac{2}{\pi}} \int_{0}^{\frac{e}{\mu}} \exp\left(-\frac{t^2}{2}\right) dt$$

となる． e が無限大のときの $p(\infty)$ は図 1 の x 軸と関数 $f(x)$ で囲まれた部分の全面積を表す． $p(\infty)$ の値は上式の積分を行うことによって，

$$p(\infty) = 1$$

となり，$p(\infty)$ の定義通りの値をとる．

図 1 のように，誤差 e が r のとき (図 1 の白抜きの部)

$$p(r) = 0.5 \tag{15}$$

になったとする．このときの r を求めるには $p(\infty)$ と同じように

$$p(r) = \sqrt{\frac{2}{\pi}} \int_0^{\frac{r}{\mu}} \exp\left(-\frac{t^2}{2}\right) dt$$

の積分を行うとよい．その結果 r が

ムナシイ

$$\begin{aligned} r &\approx 0.6745\mu \\ &= 0.6745\sqrt{\frac{\sum_{i=1}^{n} e_i^2}{n}} \end{aligned} \tag{16}$$

の値のとき式 (15) が成り立つ．この r を個々の測定値の確率誤差 (probable error) という

このとき，個々の測定値の誤差の大きさが r より小さくなる確率と r より大きくなる確率とは等しい． r も μ と同じく個々の測定値の信頼度を表すのに用いられる．同様に計算すると

$$\begin{aligned} p(\mu) &\approx 0.6824 \sim 68\% \\ p(2\mu) &\approx 0.9544 \sim 95\% \\ p(3\mu) &\approx 0.9973 \sim 99.7\% \end{aligned}$$

となる．

5 直接測定における平均値の平均二乗誤差と確率誤差

平均値 $\bar{x}$ は個々の測定値よりはるかに真の値 X に近く，信頼度が高いのであるが，やはり誤差を含んでいる．その誤差の大きさを μ_a とすれば図 1 より

$$\mu_a = \sqrt{(\bar{x} - X)^2} \tag{17}$$

である．式 (1) と式 (11) より

$$\begin{aligned} \mu_a &= \sqrt{\left(\frac{x_1 + x_2 + \cdots + x_n}{n} - X\right)^2} \\ &= \sqrt{\left[\frac{(x_1 - X) + (x_2 - X) + \cdots + (x_n - X)}{n}\right]^2} \\ &= \sqrt{\frac{(e_1 + e_2 + \cdots + e_n)^2}{n^2}} \\ &= \frac{1}{n}\left[(e_1^2 + e_2^2 + \cdots + e_n^2) + (e_1e_2 + e_1e_3 + \cdots + e_1e_n)\right. \\ &\qquad \left. + (e_2e_1 + e_2e_3 + \cdots + e_2e_n) + \cdots + (e_ne_1 + e_ne_2 + \cdots + e_ne_{n-1})\right]^{\frac{1}{2}} \end{aligned}$$

$$= \sqrt{\frac{\sum_{i=1}^{n} e_i^2 + \sum_{i=1}^{n} \sum_{j=1,\ i \neq j}^{n} e_i e_j}{n^2}}$$

となる． e_i と e_j は同じくらいの確率で正負の値をとると考えられるから，上式の中の $\displaystyle\sum_i \sum_j e_i e_j$ は正負相殺してほとんど零となり，この項を無視すれば，

$$\mu_a = \sqrt{\frac{\sum_{i=1}^{n} e_i^2}{n^2}} \tag{18}$$

$$= \frac{1}{\sqrt{n}} \sqrt{\frac{\sum_{i=1}^{n} e_i^2}{n}} = \frac{\mu}{\sqrt{n}} \tag{19}$$

となる．

一方， n 回の測定を m 度行ったとする． j 度目 $(j = 1 \sim m)$ に測定した個々の測定値の誤差を e_{ij} ，平均二乗誤差を μ_j ，算術平均値を $\bar{x}_j$ ， $\bar{x}_j$ の誤差を δ_j と表せば

$$\delta_j^2 = (\bar{x}_j - X)^2$$

である．先程の μ_a の場合と同様に計算すれば，

$$\delta_j^2 = \frac{\sum_{i=1}^{n} e_{ij}^2}{n^2} = \frac{\mu_j^2}{n}$$

となる．故に，平均値 $\bar{x}$ の平均二乗誤差 σ_a は

$$\sigma_a = \sqrt{\frac{\sum_{j=1}^{m} \delta_j^2}{m}} = \sqrt{\frac{\sum_{j=1}^{m} \mu_j^2}{mn}}$$

となる．さて，実際には，1 度だけ $(j = 1)$ 測定された n 回の測定値があるだけであるが， n が充分大きいために，これらの測定値が特別かたよった値ばかりを出してはいないとみなす．つまり， n 回の測定値の算術平均値 $\bar{x}$ と個々の測定値の平均二乗誤差 μ が

$$\bar{x} \approx \frac{\sum_{j=1}^{m} \bar{x}_j}{m}$$

$$\mu^2 \approx \frac{\sum_{j=1}^{m} \mu_j^2}{m}$$

とみなせば

$$\sigma_a = \frac{\mu}{\sqrt{n}}$$

となり

$$\mu_a = \sigma_a$$

となる．従ってこの μ_a を平均値の平均二乗誤差または単に平均値の平均誤差と呼ぶ (141 ページ 間接測定の確率誤差の例 1 参照)．上式によれば平均値の平均二乗誤差 μ_a は個々の測定値の平均二乗誤差の $1/\sqrt{n}$ であるから n を大きくするにつれて零に近づく．

同様にして，平均値の確率誤差 r_a は

$$r_a = 0.6745\mu_a = 0.6745\sqrt{\frac{\sum_{i=1}^{n} e_i^2}{n^2}} \tag{20}$$

$$= \frac{r}{\sqrt{n}} \tag{21}$$

となる．μ_a や r_a は平均値の信頼度を表すのに用いられる．

6 平均二乗誤差と確率誤差の数値計算法

個々の測定値及び平均値の誤差は式 (14)，(16)，(18)，(20) で定義されるが，真の値 X は知り得ないのであるから，誤差 $e_i = x_i - X$ も知り得ない量であり，実際には上の 4 つの式から誤差を求めることは不可能である．そこで，図 1 の真の値 X の代わりにそれに極めて近い最確値 $\bar{x}$ をとり，誤差 e_i の代わりとして各測定値 x_i と最確値 $\bar{x}$ との差である残差 Δ_i を用いることにすれば，

$$
\text{残差} = \text{測定値} - \text{最確値}
$$

$$
\left.\begin{array}{l}
\Delta_1 = x_1 - \bar{x} \\
\Delta_2 = x_2 - \bar{x} \\
\quad\vdots \\
\Delta_i = x_i - \bar{x} \\
\quad\vdots \\
\Delta_n = x_n - \bar{x}
\end{array}\right\} \tag{22}
$$

一方，

$$
\begin{aligned}
\sum_{i=1}^{n} e_i^2 &= \sum_{i=1}^{n} (x_i - X)^2 \\
&= \sum_{i=1}^{n} \left[x_i - \bar{x} + (\bar{x} - X)\right]^2 \\
&= \sum_{i=1}^{n} \left[\Delta_i + (\bar{x} - X)\right]^2 \\
&= \sum_{i=1}^{n} \left[\Delta_i^2 + 2\Delta_i(\bar{x} - X) + (\bar{x} - X)^2\right] \\
&= \sum_{i=1}^{n} \Delta_i^2 + 2\left(\sum_{i=1}^{n} \Delta_i\right)(\bar{x} - X) + \sum_{i=1}^{n} (\bar{x} - X)^2
\end{aligned}
$$

式 (11)，(22) より

$$
\sum_{i=1}^{n} \Delta_i = \sum_{i=1}^{n} (x_i - \bar{x}) = \sum_{i=1}^{n} x_i - \sum_{i=1}^{n} \bar{x} = \sum_{i=1}^{n} x_i - n\bar{x} = 0
$$

又，式 (17)，(18) より

$$
\sum_{i=1}^{n} (\bar{x} - X)^2 = n \cdot \mu_a^2 = n\frac{\sum_{i=1}^{n} e_i^2}{n^2} = \frac{\sum_{i=1}^{n} e_i^2}{n}
$$

よって，以上の結果をまとめると

$$
\sum_{i=1}^{n} e_i^2 = \sum_{i=1}^{n} \Delta_i^2 + \frac{\sum_{i=1}^{n} e_i^2}{n} \tag{23}
$$

故に

$$\sum_{i=1}^{n} e_i^2 \left(1 - \frac{1}{n}\right) = \sum_{i=1}^{n} \Delta_i^2$$

従って

$$\frac{\sum_{i=1}^{n} e_i^2}{n} = \frac{\sum_{i=1}^{n} \Delta_i^2}{n-1}$$

結局

$$\mu = \sqrt{\frac{\sum_{i=1}^{n} e_i^2}{n}} = \sqrt{\frac{\sum_{i=1}^{n} \Delta_i^2}{n-1}} \tag{24}$$

$$r = 0.6745\mu = 0.6745\sqrt{\frac{\sum_{i=1}^{n} \Delta_i^2}{n-1}} \tag{25}$$

となる．また，平均値の平均二乗誤差 μ_a，平均値の確率誤差 r_a は

$$\mu_a = \sqrt{\frac{\sum_{i=1}^{n} e_i^2}{n^2}} = \sqrt{\frac{\sum_{i=1}^{n} \Delta_i^2}{n(n-1)}} \tag{26}$$

$$r_a = 0.6745 \times \mu_a = 0.6745\sqrt{\frac{\sum_{i=1}^{n} \Delta_i^2}{n(n-1)}} \tag{27}$$

と表せる．従って上の 4 つの式によって測定値から誤差を求めることができる．

一般に，ある量 x を n 回直接測定して平均値 $\bar{x}$ を得たならば，これにその信頼を表す目安として平均値の確率誤差 r_a を付記して，

$$x = \bar{x} \pm r_a = \bar{x} \pm 0.6745\sqrt{\frac{\sum_{i=1}^{n} \Delta_i^2}{n(n-1)}} \tag{28}$$

と書くのが合理的である．これは，真の値 X が

$$\bar{x} + r_a > X > \bar{x} - r_a$$

の範囲に入る確率が 50% であることを示すものであり，r_a が小さいほど測定の精度がよい．

[注意] 必ずしも $\bar{x} = X$ ではない．測定回数 n を無限に大きくした極限において $r_a \to 0$ となり，$\bar{x} \to X$ となるのであるから，真の値 X は理想的な究極値であり，実際には知り得ないものである．

7 平均値の有効数字

前述のとおり式 (21) によれば

$$r_a = \frac{r}{\sqrt{n}}$$

であるから，平均値の確率誤差 r_a は測定回数 n を大きくすれば $1/\sqrt{n}$ の割合で減少する．すなわち，10 回で 1/3，100 回では 1/10 となり，平均値の有効数字が 1 桁増えるとしてよい．これを図 2 に示す．しかし，n が 10 以上にふえても r_a はあまり小さくならない．従って 10 回も測定をくり返せば平均値の有効数字を 1 桁多くとっても差し支えない．

また，仮に誤差を1/100にする (有効数字を2桁増やす) ためには 10^4 回測定しなければならないが，長時間の測定中に測定条件件が変化することも考えられる．この場合には物理的な意味は薄くなる．

いずれにしても，n が小さい場合 r_a は n とともに急激に小さくなり，平均値の信頼度は著しく高まる．故に測定は少なくとも2～3回，出来れば10回くらい繰り返して平均値を求め，その信頼度を高めるべきである．

[例] 「第I部 5 データ処理法 – [2] 直接測定値の求め方」22ページの例参照.

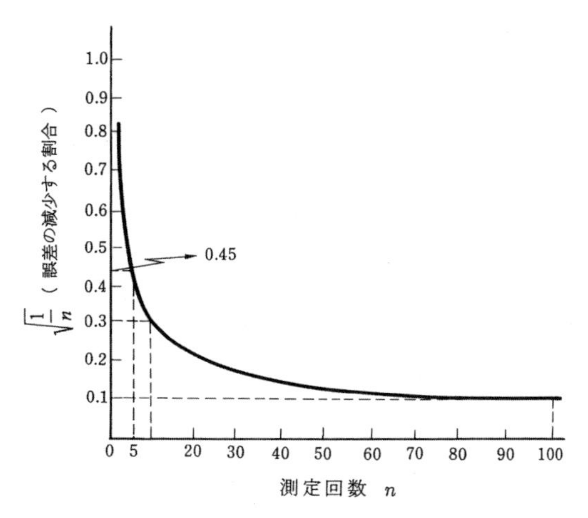

図2 平均値の誤差の減り方

[8] 間接測定値の誤差

(1) 誤差の伝播法則

ここでは直接測定値の誤差が間接測定値の誤差にどう関係するかを考える．この関係式を誤差の伝播法則という．

直接測定できる物理量 $z_1, z_2, z_3, \cdots$ があり，それぞれの測定値が偶然誤差以外に系統的誤差や個人誤差なども含めた広い意味での誤差 $\Delta z_1, \Delta z_2, \Delta z_3, \cdots$ を持っているとする．また

$$y = f(z_1, z_2, z_3, \cdots) \tag{29}$$

により間接的に求まる物理量 y があり，式 (29) に $z_1, z_2, z_3, \cdots$ を代入して求めた y の値を y_0，y_0 の誤差を Δy とする．

直接測定値 $z_1, z_2, z_3, \cdots$ にくらべて，それぞれの誤差 $\Delta z_1, \Delta z_2, \Delta z_3, \cdots$ が十分小さい場合には

$$\Delta y = \frac{\partial f}{\partial z_1}\Delta z_1 + \frac{\partial f}{\partial z_2}\Delta z_2 + \frac{\partial f}{\partial z_3}\Delta z_3 + \cdots \tag{30}$$

が成り立つ．式 (30) の各項は一般には正負混合しているから，

$$|\Delta y| \leqq \left|\frac{\partial f}{\partial z_1}\Delta z_1\right| + \left|\frac{\partial f}{\partial z_2}\Delta z_2\right| + \cdots \tag{31}$$

である．直接測定値の誤差として，広い意味での誤差を考える場合には，粗い見積りではあるが，式 (31) が誤差の伝播法則として用いられる．

式 (31) をもう少し具体的な場合に書き下してみる． $A, a, b, c, \cdots$ を定数とし，間接測定される量 y が

$$y = az_1 + bz_2 + cz_3 + \cdots$$

の場合には

$$|\Delta y| \leqq |a \cdot \Delta z_1| + |b \cdot \Delta z_2| + |c \cdot \Delta z_3| + \cdots$$

となる.

$$y = A \cdot z_1^a \cdot z_2^b \cdot z_3^c \cdots$$

の場合には

$$|\Delta y| \leqq \left|a\frac{y}{z_1}\Delta z_1\right| + \left|b\frac{y}{z_2}\Delta z_2\right| + \left|c\frac{y}{z_3}\Delta z_3\right| + \cdots$$

故に

$$\left|\frac{\Delta y}{y}\right| \leqq \left|a\frac{\Delta z_1}{z_1}\right| + \left|b\frac{\Delta z_2}{z_2}\right| + \left|c\frac{\Delta z_3}{z_3}\right| + \cdots$$

となる. この式からわかるように, 間接測定値が直接測定値の積や商で求められる場合には, 間接測定値の測定誤差には, それぞれの直接測定値の誤差の指数倍が影響する.

誤差の伝播法則; 2 乗の場合

前節に掲げたのは誤差の伝播法則の一般論であるが, ここではもう少し簡単な説明をしてみる. 例えば, 直接測定する物理量 z により, 次のように物理量 y が計算できる場合を考える.

$$y = z^2$$

z の測定値に誤差 Δz が含まれているとすると, その結果, 物理量 y にも誤差 Δy が生じることになる.

$$y + \Delta y = (z + \Delta z)^2$$

ここで右辺を計算してみると,

$$y + \Delta y = z^2 + 2z\Delta z + (\Delta z)^2$$

となるが, 誤差 Δz は小さな量なので $(\Delta z)^2$ を無視してよく,

$$y + \Delta y = z^2 + 2z\Delta z$$

と表してよい. (これを Δz の 1 次まで考慮した近似と言う. この近似は Δz が小さくなるほど良くなる.)

両辺から $y = z^2$ を引いて,　更に両辺を $y = z^2$ で割ると,

$$\frac{\Delta y}{y} = 2\frac{\Delta z}{z}$$

となる.

誤差の伝播法則; n 乗の場合

冪の値を一般化して,

$$y = z^n$$

のような関係があった場合, z の誤差 Δz は物理量 y の誤差 Δy に,

$$\frac{\Delta y}{y} = n\frac{\Delta z}{z}$$

のような影響を与える.

この式は指数がマイナスの値でも成立する.

$$y = \frac{1}{z^n} \quad \rightarrow \quad y = z^{-n}$$

$$\left|\frac{\Delta y}{y}\right| \leqq \left|-n\frac{\Delta z}{z}\right|$$

(2) 間接測定値の誤差の見積り

誤差の伝播法則を用いれば，間接測定値を精度何% で求めるには，直接測定値をいくらの精度まで測定しなければならないか予測できる．これによって測定機器の選定条件が決まる．また，物理学実験のように最初から測定機器が与えられている場合には，間接測定値の精度を決定するのは主にどの直接測定値か，それ以外の直接測定値はどれくらいの精度で測定すればいいかが予測できる.

例えば，直径 d，高さ h の円柱の体積 V を測定するときには，

$$V = \pi\left(\frac{d}{2}\right)^2 h$$

より

$$\frac{\Delta V}{V} = \frac{\Delta\pi}{\pi} + 2\frac{\Delta d}{d} + \frac{\Delta h}{h}$$

ただし， $\Delta\pi$ は π に近似値を用いたために生じた誤差である． π は既知の定数であるから充分大きな桁数を採用すれば，この誤差は必要なだけ小さくできる.

この式から d の誤差の影響は h のそれに比べて 2 倍大きいことがわかる．いま高さ 3 cm，直径 0.5 cm の円柱を測るとすると，体積を 1% まで正確に知りたいならば高さは $\frac{1}{2}$% すなわち 0.15 mm まで，直径は $\frac{1}{2}\times\frac{1}{2}$% すなわち約 0.01 mm まで正確に測る必要があることを示している． π は他の量より 1 桁精度を高く (約 $\frac{1}{20}$%) とって 3.142 を用いて π の近似値による計算誤差を無くす.

[問題]

① 球の直径に 3% の誤差があれば，その体積に何% の誤差を生ずるか．また，このとき，π には何桁の数値を用いれば計算誤差の影響が無いか.

答 9%，3.14

② 周期が約 1 秒の単振り子で，その長さ l と周期 T とを測って重力加速度 g を求める場合に l を 1/10 mm まで測れば T は何分の 1 秒まで測る必要があるか．また，この場合に g の精度は何% となるか．なお， π の計算誤差を無くすためには π は何桁の値を用いたらよいか.

答 10^{-4} s， 0.08%，3.14159

③ 長さ l，直径 d の針金の上端を固定し，下端に質量 M のおもりをつるしたとき，針金

の伸びを Δl とすれば，針金のヤング率 E は次式で示される．

$$E = \frac{4Mgl}{\pi d^2 \Delta l}$$

いま，$M \approx 3\,\mathrm{kg}$，$g \approx 980\,\mathrm{cm/s^2}$，$l \approx 100\,\mathrm{cm}$，$d \approx 0.10\,\mathrm{cm}$，$\Delta l \approx 0.05\,\mathrm{cm}$ とし，E の精度を 1% にするためには各量をどこまで知る必要があるか．

答　6 g，2 cm/s^2，2 mm，1 μm，1 μm

(3) 間接測定の確率誤差

ここでは個々の直接測定値の誤差が偶然誤差のみである場合を考える．各測定量 $z_1, z_2, z_3, \cdots$ の組を n 回測定したとして，i 番目の測定量の j 回目の測定値を z_{ij}，その誤差を Δz_{ij} とする．j 回目の測定値の組 $z_{1j}, z_{2j}, z_{3j}, \cdots$ から式 (29) により間接的に求まる値を y_j，

$$y_j = f(z_{1j}, z_{2j}, z_{3j}, \cdots)$$

その誤差を Δy_j とする．式 (30) より

$$\Delta y_j = \frac{\partial f}{\partial z_1}\Delta z_{1j} + \frac{\partial f}{\partial z_2}\Delta z_{2j} + \cdots$$

故に

$$\begin{aligned}(\Delta y_j)^2 = &\left(\frac{\partial f}{\partial z_1}\right)^2 (\Delta z_{1j})^2 + \left(\frac{\partial f}{\partial z_2}\right)^2 (\Delta z_{2j})^2 + \cdots \\ &+ 2\left(\frac{\partial f}{\partial z_1}\right)\left(\frac{\partial f}{\partial z_2}\right)(\Delta z_{1j})(\Delta z_{2j}) \\ &+ 2\left(\frac{\partial f}{\partial z_1}\right)\left(\frac{\partial f}{\partial z_3}\right)(\Delta z_{1j})(\Delta z_{3j}) \\ &+ \cdots\end{aligned}$$

従って

$$\begin{aligned}\sum_{j=1}^{n}(\Delta y_j)^2 = &\left(\frac{\partial f}{\partial z_1}\right)^2 \sum_{j=1}^{n}(\Delta z_{1j})^2 + \left(\frac{\partial f}{\partial z_2}\right)^2 \sum_{j=1}^{n}(\Delta z_{2j})^2 + \cdots \\ &+ 2\left(\frac{\partial f}{\partial z_1}\right)\left(\frac{\partial f}{\partial z_2}\right)\sum_{j=1}^{n}(\Delta z_{1j}\Delta z_{2j}) \\ &+ 2\left(\frac{\partial f}{\partial z_1}\right)\left(\frac{\partial f}{\partial z_3}\right)\sum_{j=1}^{n}(\Delta z_{1j}\Delta z_{3j}) \\ &+ \cdots\end{aligned}$$

Δz_{ij} は正負の値をとる確率は等しいから，n が十分大きいときには

$$\sum_{j=1}^{n}(\Delta z_{kj}\Delta z_{lj}) = 0$$

になる．故に y の誤差 Δy は

$$\Delta y \equiv \left[\frac{1}{n}\sum_{j=1}^{n}(\Delta y_j)^2\right]^{\frac{1}{2}}$$

$$= \left\{ \frac{1}{n} \left[\left(\frac{\partial f}{\partial z_1} \right)^2 \sum_{j=1}^{n} (\Delta z_{1j})^2 + \left(\frac{\partial f}{\partial z_2} \right)^2 \sum_{j=1}^{n} (\Delta z_{2j})^2 + \left(\frac{\partial f}{\partial z_3} \right)^2 \sum_{j=1}^{n} (\Delta z_{3j})^2 + \cdots \right] \right\}^{\frac{1}{2}} \quad (32)$$

となる．式 (32) がこの場合の誤差の伝播法則である．

各直接測定値の誤差が Gauss 分布するならば，それらの測定値から求められた間接測定値の誤差も Gauss 分布することが証明できる．従って各々直接測定値が確率誤差 $r_{z1}, r_{z2}, \cdots$ をもっており

$$z_1 = \bar{z}_1 \pm r_{z1}$$
$$z_2 = \bar{z}_2 \pm r_{z2}$$
$$\cdots\cdots\cdots\cdots\cdots$$

となるとき，$\bar{z}_1, \bar{z}_2, \bar{z}_3, \cdots$ より求まる間接測定値 $\bar{y}$ は

$$\bar{y} = f(\bar{z}_1, \bar{z}_2, \bar{z}_3, \cdots)$$

となる．また $\bar{y}$ の確率誤差 r_y は

$$\begin{aligned} r_y &= 0.6745 \sqrt{\frac{\sum_{j=1}^{n} (\Delta y_j)^2}{n}} \\ &= 0.6745 \mu_y \\ &= \sqrt{\left(\frac{\partial f}{\partial z_1} \right)^2 r_{z1}^2 + \left(\frac{\partial f}{\partial z_2} \right)^2 r_{z2}^2 + \cdots} \end{aligned} \quad (33)$$

となる．よって間接測定量 y は

$$y = \bar{y} \pm r_y$$

と求まる．これは y の真値 Y が

$$\bar{y} + r_y > Y > \bar{y} - r_y$$

の範囲にはいる確率が 50% であることを示すものであり，確率誤差 r_y の値が小さい程 $\bar{y}$ の精度がよい．

[例 1] 同じ量 x を n 回直接測定したとき，各測定値の確率誤差がすべて等しく r であるとすれば，平均値の確率誤差は $r_a = r/\sqrt{n}$ (式 (21)) となることを誤差の伝播法則より導け．

[解] $\bar{x} = f(x_1, x_2, \cdots, x_n) = \dfrac{1}{n}(x_1 + x_2 + \cdots + x_n)$

において，$x_1, x_2, \cdots, x_n$ の確率誤差 $r_1, r_2, \cdots, r_n$ をすべて等しいとおけば，式 (33) より

$$\begin{aligned} \bar{x}\text{の確率誤差 } r_a &= \sqrt{\left(\frac{\partial f}{\partial x_1} \right)^2 r_1^2 + \left(\frac{\partial f}{\partial x_2} \right)^2 r_2^2 + \cdots + \left(\frac{\partial f}{\partial x_n} \right)^2 r_n^2} \\ &= \sqrt{\left(\frac{1}{n} \right)^2 r^2 + \left(\frac{1}{n} \right)^2 r^2 + \cdots + \left(\frac{1}{n} \right)^2 r^2} \end{aligned}$$

$$= \sqrt{\frac{nr^2}{n^2}} = \frac{r}{\sqrt{n}}$$

[例 2] 「第I部 5 データ処理法 – 3 間接測定値の求め方」の計算例 (23, 24 ページ) 参照.

9 最小二乗法による実験式の求め方

(1) 最小二乗法の一般論

物理量 y と $z_1, z_2, z_3, \cdots$ の間に関数関係があり，未定係数 $a, b, c, \cdots$ を含んだ関数の形

$$y = F(z_1, z_2, z_3, \cdots, a, b, c, \cdots) \tag{34}$$

が，理論的にか，あるいはグラフを用いたデータ処理 (第I部 24 ～ 28 ページ参照) 等で実験的にわかっているものとする．この関数が間接測定値の式 (29) と異なる点は，定数ではあるが，未定の係数 $a, b, c \cdots$ を含んでいることである．ここでの問題は物理量 $y, z_1, z_2 \cdots$ の測定値を用いて，未定係数 $a, b, c \cdots$ の値を求めることである．このようにして求まった y と $z_1, z_2, z_3 \cdots$ の間の関係式を実験式と呼ぶ．以下では実験式を求める一つの方法として最小二乗法を述べる．他の方法に比べた場合の最小二乗法の特徴は，未定係数 $a, b, c \cdots$ の値が精度よく求まるだけでなく，それぞれの確率誤差も求まることである．

今，$y, z_1, z_2, z_3, \cdots$ の値の組を n 回測定したとする．この測定値の組 $(y_i, z_{1i}, z_{2i}, z_{3i}, \cdots)$ を式 (34) に代入して得た式

$$\left.\begin{array}{c} y_1 = F(z_{11}, z_{21}, z_{31}, \cdots) \\ y_2 = F(z_{12}, z_{22}, z_{32}, \cdots) \\ \vdots \\ y_n = F(z_{1n}, z_{2n}, z_{3n}, \cdots) \end{array}\right\} \tag{35}$$

を観測方程式という．この方程式より未定係数 $a, b, c \cdots$ を求める．未定係数の数を m 個として，$n < m$ ならば，方程式の数が足りず，未定係数 $a, b, c \cdots$ の値は求まらない．$n = m$ ならば未定係数の値は求まるが，誤差の大きさまでは求まらない．$n > m$ の場合には，未定係数の値とその誤差が求まる．以下では $n > m$ の場合について考える．

さて測定値 y_i, z_{ji} はそれぞれ誤差を含んだ数値であるから，式 (35) は近似的に成立しているだけである．物理量 $z_1, z_2, z_3, \cdots$ の測定値が $z_{1i}, z_{2i}, z_{3i}, \cdots$ のときの関数 F の値と測定値 y_i の差を Δy_i とおくと，

$$\left.\begin{array}{c} \Delta y_1 = y_1 - F(z_{11}, z_{21}, z_{31}, \cdots, a, b, c, \cdots) \\ \Delta y_2 = y_2 - F(z_{12}, z_{22}, z_{32}, \cdots, a, b, c, \cdots) \\ \vdots \\ \Delta y_n = y_n - F(z_{1n}, z_{2n}, z_{3n}, \cdots, a, b, c, \cdots) \end{array}\right\} \tag{36}$$

の関係がある．式 (36) を誤差方程式という．n が十分大きく，誤差 Δy_i が Gauss 分布をするときには，131 ページで述べた最小二乗法，つまり誤差の二乗の和 S

$$S = (\Delta y_1)^2 + (\Delta y_2)^2 + \cdots + (\Delta y_n)^2$$

を最小にする条件から，未定係数 $a, b, c, \cdots$ の値が求まる．この条件は，

$$\left.\begin{aligned} \frac{\partial S}{\partial a} &= 0 \\ \frac{\partial S}{\partial b} &= 0 \\ &\vdots \end{aligned}\right\} \tag{37}$$

であり，式 (37) の連立方程式を解けば， n が十分大きいときには $a, b, c, \cdots$ の真値が，そうでないときには最確値が得られる．

原理的には最小二乗法はどんな関数 F にでも適用できるのであるが，関数が複雑な形をしている場合には式 (37) を解くのは困難である．

(2) 関数 F が一次式の場合の未定係数の最確値

関数 F が $z_1, z_2, z_3, \cdots$ の一次式であったり，近似的に一次式で書ける場合は，比較的簡単に式 (37) が解けて，未定係数 $a, b, c, \cdots$ の値を求めることができる．また，もとの関数は一次式ではないが変数変換により一次式に変換できる場合，例えば

$$y = az^b$$

のような場合は

$$s = \log y$$

$$t = \log z$$

$$\beta = \log a$$

とおき変えれば

$$s = bt + \beta$$

となる．この場合にも式 (37) に相当する式を作り，連立方程式を解けば b, β の値が求まる．

以下では関数 F が $z_1, z_2, z_3, \cdots$ の一次式

$$y = az_1 + bz_2 + cz_3 + \cdots \tag{38}$$

で表される場合を考える．この場合の誤差方程式は

$$\left.\begin{aligned} \Delta y_1 &= y_1 - (az_{11} + bz_{21} + cz_{31} + \cdots) \\ \Delta y_2 &= y_2 - (az_{12} + bz_{22} + cz_{32} + \cdots) \\ &\vdots \\ \Delta y_n &= y_n - (az_{1n} + bz_{2n} + cz_{3n} + \cdots) \end{aligned}\right\} \tag{39}$$

である．ここで最小二乗法を適用する．

$$\begin{aligned} \frac{\partial S}{\partial a} &= \sum_{i=1}^{n} \frac{\partial (\Delta y_i)^2}{\partial a} \\ &= \sum_{i=1}^{n} 2(\Delta y_i) \frac{\partial \Delta y_i}{\partial a} \\ &= \sum_{i=1}^{n} 2(\Delta y_i)(-z_{1i}) = 0 \end{aligned}$$

故に

$$(\Delta y_1)z_{11} + (\Delta y_2)z_{12} + \cdots + (\Delta y_n)z_{1n} = 0$$

同様に

$$\frac{\partial S}{\partial b} = 0$$
$$\frac{\partial S}{\partial c} = 0$$
$$\vdots$$

より

$$\begin{gathered}(\Delta y_1)z_{21} + (\Delta y_2)z_{22} + \cdots + (\Delta y_n)z_{2n} = 0 \\ (\Delta y_1)z_{31} + (\Delta y_2)z_{32} + \cdots + (\Delta y_n)z_{3n} = 0 \\ \vdots \\ (\Delta y_1)z_{m1} + (\Delta y_2)z_{m2} + \cdots + (\Delta y_n)z_{mn} = 0\end{gathered}$$

となる．ただし，m は未定係数の個数である．以上の式に式 (39) を代入し，まとめると，

$$\left.\begin{gathered}\sum_{i=1}^n y_i z_{1i} = a\sum_{i=1}^n z_{1i}^2 + b\sum_{i=1}^n z_{1i}z_{2i} + \cdots + l\sum_{i=1}^n z_{1i}z_{mi} \\ \sum_{i=1}^n y_i z_{2i} = a\sum_{i=1}^n z_{2i}z_{1i} + b\sum_{i=1}^n z_{2i}^2 + \cdots + l\sum_{i=1}^n z_{2i}z_{mi} \\ \vdots \\ \sum_{i=1}^n y_i z_{mi} = a\sum_{i=1}^n z_{mi}z_{1i} + b\sum_{i=1}^n z_{mi}z_{2i} + \cdots + l\sum_{i=1}^n z_{mi}^2\end{gathered}\right\} \qquad (40)$$

となる．式 (40) は正規方程式と呼ばれる．この連立方程式を解けば，未定係数 $a, b, c, \cdots$ の最確値 $a_0, b_0, c_0, \cdots$ が求まる．すなわち

$$D \equiv \begin{vmatrix} \sum_{i=1}^n z_{1i}^2 & \sum_{i=1}^n z_{1i}z_{2i} & \cdots & \sum_{i=1}^n z_{1i}z_{mi} \\ \sum_{i=1}^n z_{2i}z_{1i} & \sum_{i=1}^n z_{2i}^2 & \cdots & \sum_{i=1}^n z_{2i}z_{mi} \\ \vdots & \vdots & \ddots & \vdots \\ \sum_{i=1}^n z_{mi}z_{1i} & \sum_{i=1}^n z_{mi}z_{2i} & \cdots & \sum_{i=1}^n z_{mi}^2 \end{vmatrix} \qquad (41)$$

とおけば

$$a_0 = \frac{1}{D}\begin{vmatrix} \sum_{i=1}^n y_i z_{1i} & \sum_{i=1}^n z_{1i}z_{2i} & \cdots & \sum_{i=1}^n z_{1i}z_{mi} \\ \sum_{i=1}^n y_i z_{2i} & \sum_{i=1}^n z_{2i}^2 & \cdots & \sum_{i=1}^n z_{2i}z_{mi} \\ \vdots & \vdots & \ddots & \vdots \\ \sum_{i=1}^n y_i z_{mi} & \sum_{i=1}^n z_{mi}z_{2i} & \cdots & \sum_{i=1}^n z_{mi}^2 \end{vmatrix} \qquad (42)$$

$$b_0 = \frac{1}{D}\begin{vmatrix} \sum_{i=1}^n z_{1i}^2 & \sum_{i=1}^n y_i z_{1i} & \cdots & \sum_{i=1}^n z_{1i}z_{mi} \\ \sum_{i=1}^n z_{2i}z_{1i} & \sum_{i=1}^n y_i z_{2i} & \cdots & \sum_{i=1}^n z_{2i}z_{mi} \\ \vdots & \vdots & \ddots & \vdots \\ \sum_{i=1}^n z_{mi}z_{1i} & \sum_{i=1}^n y_i z_{mi} & \cdots & \sum_{i=1}^n z_{mi}^2 \end{vmatrix}$$

が得られる (c_0 以後に対する式は省略)．

(3) 未定係数の最確値の確率誤差 (関数 F が一次式の場合)

未定係数 $a, b, c\cdots$ の真値を $A, B, C\cdots$ ，最確値を $a_0, b_0, c_0, \cdots$ ，それらの誤差を $\Delta a, \Delta b, \Delta c, \cdots$ とする．また，y_1 との差を ΔY_1 とすると，

$$\begin{aligned}\Delta Y_1 &\equiv y_1 - (Az_{11} + Bz_{21} + Cz_{31} + \cdots) \\ &= y_1 - [(a_0 - \Delta a)z_{11} + (b_0 - \Delta b)z_{21} + (c_0 - \Delta c)z_{31} + \cdots] \\ &= y_1 - (a_0 z_{11} + b_0 z_{21} + c_0 z_{31} + \cdots) + z_{11}\Delta a + z_{21}\Delta b + z_{31}\Delta c + \cdots\end{aligned}$$

残差に相当する量 $y_1 - (a_0 z_1 + b_0 z_2 + \cdots)$ を Δy_1 とすると，

$$\Delta Y_1 = \Delta y_1 + z_{11}\Delta a + z_{21}\Delta b + z_{31}\Delta c + \cdots$$

となる．

次に $\Delta a, \Delta b, \Delta c, \cdots$ が小さいとして，それらの 2 次の項を無視すると

$$(\Delta Y_1)^2 = (\Delta y_1)^2 + 2(\Delta y_1)(z_{11}\Delta a + z_{21}\Delta b + z_{31}\Delta c + \cdots)$$

同様にして，一般に

$$(\Delta Y_i)^2 = (\Delta y_i)^2 + 2(\Delta y_i)(z_{1i}\Delta a + z_{2i}\Delta b + z_{3i}\Delta c + \cdots)$$

となる．よって

$$\sum_{i=1}^{n}(\Delta Y_i)^2 = \sum_{i=1}^{n}(\Delta y_i)^2 + 2\sum_{i=1}^{n}(\Delta y_i)(z_{1i}\Delta a + z_{2i}\Delta b + z_{3i}\Delta c + \cdots) \tag{43}$$

となる． ΔY_i がガウス分布をすると仮定すれば，式 (16) より

$$\mu_y = \sqrt{\frac{\sum_{i=1}^{n}(\Delta Y_i)^2}{n}} \tag{44}$$

である．また特別の場合として，未定係数が a 一つだけのときは，式 (23) より

$$\begin{aligned}\sum_{i=1}^{n}(\Delta Y_i)^2 &= \sum_{i=1}^{n}(\Delta y_i)^2 + \frac{\sum_{i=1}^{n}(\Delta Y_i)^2}{n} \\ &= \sum_{i=1}^{n}(\Delta y_i)^2 + \mu_y^2\end{aligned}$$

となる．故に

$$\mu_y^2 = \sum_{i=1}^{n}(\Delta Y_i)^2 - \sum_{i=1}^{n}(\Delta y_i)^2$$

式 (43) で未定係数が a のみと考えた式を代入すれば

$$\mu_y^2 = 2\sum_{i=1}^{n}(\Delta y_i)(z_{1i}\Delta a)$$

この関係は m 個の未定係数 $a, b, c, \cdots$ のいずれについても成り立つので，

$$2\sum_{i=1}^{n}(\Delta y_i)(z_{1i}\Delta a + z_{2i}\Delta b + z_{3i}\Delta c + \cdots) = m\mu_y^2$$

となり，式 (43),(44) より

$$\sum_{i=1}^{n}(\Delta Y_i)^2 = \sum_{i=1}^{n}(\Delta y_i)^2 + m\mu_y^2$$

$$= n\mu_y^2$$

が成り立つ．故に

$$\mu_y = \sqrt{\frac{\sum_{i=1}^{n}(\Delta y_i)^2}{n-m}}$$

y の測定値の真値からのずれの平均値の確率誤差 r_y は

$$r_y = 0.6745\mu_y$$
$$= 0.6745\sqrt{\frac{\sum_{i=1}^{n}(\Delta y_i)^2}{n-m}}$$

である．ここでの Δy_i は式 (39) の $a, b, c, \cdots$ にその最確値 $a_0, b_0, c_0, \cdots$ を代入して得られた値である．

次に未定係数 $a, b, c, \cdots$ の確率誤差を求める．それらを $r_a, r_b, r_c, \cdots$ とし， y の個々の測定値の真値からのずれの確率誤差を r_{yi} とする．

$y_1, y_2, \cdots, y_n$ を含まない定数 $\lambda_1, \lambda_2, \cdots, \lambda_n$ を用いて式 (42) を書き直すと

$$a_0 = \lambda_1 y_1 + \lambda_2 y_2 + \cdots + \lambda_n y_n$$

となる．従って，間接測定の誤差の伝播則より次式が成り立つ．

$$r_a^2 = \lambda_1^2 r_{y1}^2 + \lambda_2^2 r_{y2}^2 + \cdots + \lambda_n^2 r_{yn}^2$$

個々の y の測定は同じ条件で行われているとすると

$$r_{y1} \approx r_{y2} \approx \cdots \approx r_{yn}$$

となる．また，式 (21) より

$$r_y = \frac{r_{yi}}{\sqrt{n}}$$

であるから

$$r_a^2 = n r_y^2 \sum_{i=1}^{n} \lambda_i^2$$

となる．従って

$$r_a = r_y \sqrt{w_a}$$

ただし

$$w_a = n \sum_{i=1}^{n} \lambda_i^2$$

同様にして

$$r_b = r_y \sqrt{w_b}$$
$$r_c = r_y \sqrt{w_c}$$
$$\vdots$$

と求まる．

具体的に w_a を求めるには，式 (40) の正規方程式の左辺の各項を

$$\begin{aligned}
&\textstyle\sum_{i=1}^{n} y_i z_{1i} = 1\\
&\textstyle\sum_{i=1}^{n} y_i z_{2i} = 0\\
&\textstyle\sum_{i=1}^{n} y_i z_{3i} = 0\\
&\qquad\vdots\\
&\textstyle\sum_{i=1}^{n} y_i z_{mi} = 0
\end{aligned}$$

とおいた連立方程式を作る．この方程式の a の解が w_a である． w_b については，式 (40) の左辺を

$$\begin{aligned}
&\textstyle\sum_{i=1}^{n} y_i z_{1i} = 0\\
&\textstyle\sum_{i=1}^{n} y_i z_{2i} = 1\\
&\textstyle\sum_{i=1}^{n} y_i z_{3i} = 0\\
&\qquad\vdots\\
&\textstyle\sum_{i=1}^{n} y_i z_{mi} = 0
\end{aligned}$$

とおいた連立方程式の b の解が w_b である．以下同様にして求まる．すなわち式 (41) を用いて，

$$w_a = \frac{1}{D}\begin{vmatrix} 1 & \sum_{i=1}^{n} z_{1i}z_{2i} & \cdots & \sum_{i=1}^{n} z_{1i}z_{mi} \\ 0 & \sum_{i=1}^{n} z_{2i}^2 & \cdots & \sum_{i=1}^{n} z_{2i}z_{mi} \\ \vdots & \vdots & \ddots & \vdots \\ 0 & \sum_{i=1}^{n} z_{mi}z_{2i} & \cdots & \sum_{i=1}^{n} z_{mi}^2 \end{vmatrix}$$

$$w_b = \frac{1}{D}\begin{vmatrix} \sum_{i=1}^{n} z_{1i}^2 & 1 & \cdots & \sum_{i=1}^{n} z_{1i}z_{mi} \\ \sum_{i=1}^{n} z_{2i}z_{1i} & 0 & \cdots & \sum_{i=1}^{n} z_{2i}z_{mi} \\ \vdots & \vdots & \ddots & \vdots \\ \sum_{i=1}^{n} z_{mi}z_{1i} & 0 & \cdots & \sum_{i=1}^{n} z_{mi}^2 \end{vmatrix}$$

となる (w_c 以後の式は省略)．こうして実験式は

$$y = (a_0 \pm r_a)z_1 + (b_0 \pm r_b)z_2 + \cdots + (l_0 \pm r_l)z_m$$

と求まる．

[例] 「第 I 部 5 データ処理法 – 最小二乗法の適用例」30 ページ参照.

2 国際単位系(SI)

従来，物理学において物理量を表すのにさまざまな単位系が用いられてきた．世界各国のいろいろな分野で使われる単位系は更に複雑である．

SI (Systéme International d'Unités) は，単位を国際的かつ統一的に扱うために 1960 年に国際度量衡総会で採用された単位系である．この単位系は MKSA 単位系を拡張したもので，いくどもの改訂・追加を経て現在に至っている．国際的な英字略称を SI という．

日本においても計量法に基づき JIS(Z8202，Z8203) に SI が導入されている．以下にその概要を示す．

1．国際単位系 (SI) の構成

- SI
  - SI 単位
    - 基本単位
    - 補助単位
    - 組立単位
  - SI 単位の 10 の整数乗倍及び接頭語

2．基本単位

表 1　基本単位 [1]

量	単位の名称	単位記号	定　義
時　間	秒	s	摂動をうけていないセシウム 133 原子の基底状態の超微細遷移周波数 $\Delta\nu_{\mathrm{Cs}}$ を Hz (s^{-1} と同じ) の単位で表記した際の数値を 9192631770 と固定値にすることで定義される．
長　さ	メートル	m	真空中の光速度 c を m s^{-1} の単位で表記した際の数値を 299792458 と固定値にすることで定義される．
質　量	キログラム	kg	プランク定数 h を J s (kg m^2 s^{-1} と同じ) の単位で表記した際の数値を $6.62607015 \times 10^{-34}$ と固定値にすることで定義される．
電　流	アンペア	A	素電荷 e を C (A s と同じ) の単位で表記した際の数値を $1.602176634 \times 10^{-19}$ と固定値にすることで定義される．
熱力学温度 [1]	ケルビン	K	ボルツマン定数 k を J K^{-1} (kg m^2 s^{-2} K^{-1} と同じ) の単位で表記した際の数値を 1.380649×10^{-23} と固定値にすることで定義される．
物質量	モル	mol	1 モルは正確に $6.02214076 \times 10^{23}$ 個の要素粒子を含む．この数値はアボガドロ定数 N_{A} を mol^{-1} の単位で表記した際の固定値であり，アボガドロ数とも呼ばれる．
光　度	カンデラ	cd	周波数 540×10^{12} Hz の単色放射の発光効率 K_{cd} を lm W^{-1} (cd sr W^{-1} または cd sr kg^{-1} m^{-2} s^3 と同じ) の単位で表記した際の数値を 683 と固定値にすることで定義される．

注 (1)　表 3.2 の "セルシウス温度" 参照.

3. 補助単位

表 2 補助単位 [2]

量	単位の名称	単位記号	定 義
平面角	ラジアン	rad	ラジアンは，円の周上でその半径の長さに等しい長さの弧を切り取る 2 本の半径の間に含まれる平面角である.
立体角	ステラジアン	sr	ステラジアンは，球の中心を頂点とし，その球の半径を 1 辺とする正方形の面積と等しい面積をその球の表面上で切り取る立体角である.

4. 組立単位

国際単位系において基本単位および補助単位を用いて代数的な方法で表される単位を組立単位という．以下にその代表的なものを示す.

表 3.1 基本単位及び補助単位を用いて表される組立単位の例 [2]

量	単位の名称	単位記号
面積	平方メートル	m^2
体積	立方メートル	m^3
速さ	メートル毎秒	m/s
加速度	メートル毎秒毎秒	m/s^2
波数	毎メートル	/m
密度	キログラム毎立方メートル	kg/m^3
電流密度	アンペア毎平方メートル	A/m^2
磁界の強さ	アンペア毎メートル	A/m
(物質量の) 濃度	モル毎立方メートル	mol/m^3
比体積	立方メートル毎キログラム	m^3/kg
輝度	カンデラ毎平方メートル	cd/m^2
角速度	ラジアン毎秒	rad/s
角加速度	ラジアン毎秒毎秒	rad/s^2

表 3.2 固有名称をもつ組立単位 [2]

量	単位の名称	単位記号	他の SI 単位による表現
周波数	ヘルツ	Hz	/s
力	ニュートン	N	$kg{\cdot}m/s^2$
圧力，応力	パスカル	Pa	N/m^2
エネルギー，仕事，熱量	ジュール	J	N·m
仕事率，放射束	ワット	W	J/s
電気量，電荷	クーロン	C	A·s
電圧，電位	ボルト	V	W/A
静電容量	ファラッド	F	C/V
電気抵抗	オーム	Ω	V/A
コンダクタンス	ジーメンス	S	A/V
磁束	ウェーバー	Wb	V·s
磁束密度	テスラ	T	Wb/m^2
インダクタンス	ヘンリー	H	Wb/A
セルシウス温度	セルシウス度	°C	K(1)
光束	ルーメン	lm	cd·sr
照度	ルクス	lx	lm/m^2
吸収線量	グレイ	Gy	J/kg

注 (1) セルシウス温度は，熱力学温度 T と T_0 の差 $t = T - T_0$ に等しい．ここに，$T_0 = 273.15$K である.

5. SI単位の10の整数乗倍の表記 [2]

SI単位の10の整数乗倍を構成するために倍数に用いる接頭語をつぎに示す.

表4　接頭語

単位に乗ぜられる倍数	接頭語の名称	接頭語の記号
10^{18}	エクサ	E
10^{15}	ペタ	P
10^{12}	テラ	T
10^{9}	ギガ	G
10^{6}	メガ	M
10^{3}	キロ	k
10^{2}	ヘクト	h
10	デカ	da
10^{-1}	デシ	d
10^{-2}	センチ	c
10^{-3}	ミリ	m
10^{-6}	マイクロ	μ
10^{-9}	ナノ	n
10^{-12}	ピコ	p
10^{-15}	フェムト	f
10^{-18}	アト	a

参考　ギリシャ文字

大文字	小文字	英語読み	呼び方	大文字	小文字	英語読み	呼び方
A	α	alpha	アルファー	N	ν	nu	ニュー
B	β	beta	ベータ	Ξ	ξ	xi	グザイ，クシー
Γ	γ	gamma	ガンマ	O	o	omicron	オミクロン
Δ	δ	delta	デルタ	Π	π	pi	パイ，ピー
E	ϵ, ε	epsilon	イプシロン *	P	ρ	rho	ロー
Z	ζ	zeta	ゼータ	Σ	σ, ς	sigma	シグマ
H	η	eta	エータ，イータ	T	τ	tau	タウ
Θ	θ	theta	シータ，テータ	Υ	υ	upsilon	ウプシロン
I	ι	iota	イオタ	Φ	ϕ, φ	phi	ファイ，フィー
K	κ	kappa	カッパ	X	χ	chi	カイ，キー
Λ	λ	lambda	ラムダ	Ψ	ψ	psi	プサイ，プシー
M	μ	mu	ミュー	Ω	ω	omega	オメガ

* エプシロンとも読む

3 基本的計量器の精度

表 1 外側マイクロメータの総合誤差 (許容値)　JIS-B7502

単位　μm

最大測定長 mm	作動範囲　25 mm 以下	作動範囲　50 mm
50 以下	± 4	± 6
50 を超え　100 以下	± 5	± 7
100 を超え　150 以下	± 6	± 8
150 を超え　200 以下	± 7	± 9
200 を超え　250 以下	± 8	±10
250 を超え　300 以下	± 9	±11
300 を超え　350 以下	±10	±12
350 を超え　400 以下	±11	±13
400 を超え　450 以下	±12	±14
450 を超え　500 以下	±13	±15

表 2 ノギスの器差の許容値　JIS-B7507

単位　mm

<table>
<tr><th>測定値/最小読取値</th><th>0.1</th><th>0.05</th><th>0.02</th></tr>
<tr><td>0</td><td rowspan="4">±0.05</td><td rowspan="3">±0.05</td><td>±0.02</td></tr>
<tr><td>0 を超え　100 以下</td><td rowspan="2">±0.03</td></tr>
<tr><td>100 を超え　200 以下</td></tr>
<tr><td>200 を超え　300 以下</td><td rowspan="2">±0.08</td><td rowspan="2">±0.04</td></tr>
<tr><td>300 を超え　400 以下</td><td rowspan="3">±0.10</td></tr>
<tr><td>400 を超え　500 以下</td><td rowspan="2">±0.10</td><td rowspan="2">±0.05</td></tr>
<tr><td>500 を超え　600 以下</td></tr>
<tr><td>600 を超え　700 以下</td><td rowspan="4">±0.15</td><td rowspan="2">±0.12</td><td rowspan="2">±0.06</td></tr>
<tr><td>700 を超え　800 以下</td></tr>
<tr><td>800 を超え　900 以下</td><td rowspan="2">±0.15</td><td rowspan="2">±0.07</td></tr>
<tr><td>900 を超え　1000 以下</td></tr>
</table>

この表の値は，20°C におけるものとする．

表 3 鋼製巻尺の器差の許容量　JIS-B7512

等級	許容差	
	基点からの長さ、任意の 2 目盛線間の長さ	端点を基点とする巻尺の基点からの長さ
1 級	$\pm(0.2+0.1L)$ mm	$\pm(0.4+0.1L)$ mm
2 級	$\pm(0.25+0.15L)$ mm	$\pm(0.45+0.15L)$ mm

これらの値は，温度を 20°C の時とする．L は，測定長をメートルで表した数値であり，1 未満の端数は切り上げて整数値とする．2 級の許容差は，これらの計算式で求めた値の小数点以下第 2 位を切り上げる．

表4 指示電気計器の許容公差および表示記号 JIS-C1102

a. 許容値

計 器	階 級	許容差
		(最大目盛値の)
電流計	0.2 級	±0.2%
及び	0.5 級	±0.5%
電圧計	1.0 級	±1.0%
	1.5 級	±1.5%

b. 直流と交流の記号

種 類	記 号
直流	―
交流	～
直流並びに交流	$\overset{-}{\sim}$

c. 計器使用姿勢の記号

種 類	記 号
鉛 直	⊥
水 平	⊓
傾 斜 (60 度の例)	∠60°

表5 分銅の公差 (第15編産業一般第8章計量器検定検査令第34条)

計量器分銅の検定公差及び使用公差表				
表す量	一級精密分銅		二級精密分銅	
	検定公差	使用公差	検定公差	使用公差
mg	mg	mg	mg	mg
0.5				
1	0.05	0.075		
2	0.05	0.075		
5	0.05	0.075		
10	0.05	0.075	0.5	0.95
20	0.05	0.075	0.5	0.75
50	0.1	0.15	0.7	1.05
100	0.2	0.30	1.0	1.5
200	0.3	0.45	1.5	1.5
500	0.5	0.75	3.0	4.5
g	mg	mg	mg	mg
1	0.5	0.75	5	7.5
2	0.5	0.75	5	7.5
5	1	1.5	10	15
10	1	1.5	20	30
20	1	1.5	20	30
50	2	3.0	30	45
100	5	7.5	30	45
200	10	15	50	75
500	20	30	100	150
kg	mg	mg	mg	mg
1	40	60	200	300
2	70	60	400	600
5	120	180	800	1.2 g
10	200	300	1.6g	2.4
20	–	–	3.2	4.8

表 6　ガラス製水銀温度計の検定公差 (同上 38 条)

種　類	1 目盛の値	表す量の範囲	検定公差
ガラス製温度計 (体温計及びベックマン温度計を除く)	0.1 度	0 度未満	0.2 度
		100 度以下	0.1 度
		200 度以下	0.2 度
		200 度をこえるとき	0.3 度
	0.2 度以下	200 度以下	0.2 度
		200 度をこえるとき	0.4 度
	0.5 度以下		0.5 度
	1　度以下		1　度
	1　度をこえるとき		2　度

表 7　メスシリンダーの検定公差 (同上 51 条)

全容量	検定公差
10ml 以下	全量の 1/50
50ml 以下	全量の 1/100
50ml 以上	全量の 1/200

表 8　金属製直尺の器差の許容量　JIS-B7516

	長さ	許容差
長さの許容差 (単位 mm) 温度 20 °C を基準とする	500 以下	± 0.15
	500 を越え 1000 以下	± 0.20
	1000 を越え 1500 以下	± 0.25
	1500 を越え 2000 以下	± 0.30

4 付　表

表 1　一般定数 [3]

名称	記号	数値	単位
普遍定数および電磁気定数			
真空中の光速度	c	2.99792458[1)]	$10^8 \mathrm{m \cdot s^{-1}}$
万有引力定数	G	6.673(10)	$10^{-11} \mathrm{N \cdot m^2 \cdot kg^{-2}}$
プランク定数	h	6.62606876(52)	$10^{-34} \mathrm{J \cdot s}$
電気素量	e	1.602176462(63)	$10^{-19} \mathrm{C}$
標準重力加速度	g_n	9.80665[1)]	$\mathrm{m \cdot s^{-2}}$
素粒子および原子定数			
電子の静止質量	m_e	9.10938188(72)	$10^{-31} \mathrm{kg}$
陽子の静止質量	m_p	1.67262158(13)	$10^{-27} \mathrm{kg}$
リュードベリ定数	R_∞	1.0973731568548(83)	$10^7 \mathrm{m^{-1}}$
電子の比電荷	e/m_e	1.758820174(71)	$10^{11} \mathrm{C \cdot kg^{-1}}$
物理化学定数			
アボガドロ定数	N_A	6.02214199(47)	$10^{23} \mathrm{mol^{-1}}$
ボルツマン定数	k	1.3806503(24)	$10^{-23} \mathrm{J \cdot K^{-1}}$
ファラデー定数	F	9.64853415(39)	$10^4 \mathrm{C \cdot mol^{-1}}$
理想気体の体積 (0°C，1 気圧)	V_0	2.2413996(39)	$10^{-2} \mathrm{m^3 \cdot mol^{-1}}$
ステファン −ボルツマン定数	σ	5.670400(40)	$10^{-8} \mathrm{W \cdot m^{-2} \cdot K^{-4}}$
その他の定数			
水の最大密度 (3.98°C，1 気圧)		0.999973	$\mathrm{g \cdot cm^{-3}}$
水 銀 の 密 度 (0°C)		13.5951	$\mathrm{g \cdot cm^{-3}}$
標準大気圧 (760mmHg)	A_n	1.01325	$\times 10^5 \mathrm{N \cdot m^{-2}}$
0°C の絶対温度	T_0	273.15	K
熱の仕事当量	J	4.18605	J

1) 定義値

( ) 内の 2 桁の数字は，表示されている値の最後の 2 桁についての標準不確かさを表す．例えば，G の値の標記は，$(6.673 \pm 0.010) \times 10^{-11}$ を意味する．

表 2　原子量表 [3]

原子量は $^{12}C = 12$ としたときの元素の相対的質量と定義される．本表は IUPAC (国際純正・応用化学連合) の原子量および同位体存在度委員会によって 2001 年に勧告された最新の原子量を示したものである．この表の原子量と括弧内に示されたその不確かさ (原子量の有効数字の最後の桁に対応する) は地球上に起源をもつ物質中の元素に適用される．ここに示された原子量の不確かさを超える変動を示しうる元素については，注にその変動の様式を示す．を付した元素は安定同位体のない元素であり，[ ] 内に既知の同位体の質量数の 1 例を示す．ただしトリウム，プロトアクチニウム，ウランは地球上で特定の同位体をもつので原子量が与えられている．

番号	元素	記号	原子量	番号	元素	記号	原子量
1	水素	H	1.00794(7)	61	プロメチウム	Pm	[145]
2	ヘリウム	He	4.002602(2)	62	サマリウム	Sm	150.36(2)
3	リチウム	Li	[6.941(2)]	63	ユウロピウム	Eu	151.964(1)
4	ベリリウム	Be	9.012182(3)	64	ガドリニウム	Gd	157.25(3)
5	ホウ素	B	10.811(7)	65	テルビウム	Tb	158.92535(2)
6	炭素	C	12.0107(8)	66	ジスプロシウム	Dy	162.500(1)
7	窒素	N	14.0067(2)	67	ホルミウム	Ho	164.93032(2)
8	酸素	O	15.9994(3)	68	エルビウム	Er	167.259(3)
9	フッ素	F	18.9984032(5)	69	ツリウム	Tm	168.93421(2)
10	ネオン	Ne	20.1797(6)	70	イッテルビウム	Yb	173.054(5)
11	ナトリウム	Na	22.98976928(2)	71	ルテチウム	Lu	174.9668(1)
12	マグネシウム	Mg	24.3050(6)	72	ハフニウム	Hf	178.49(2)
13	アルミニウム	Al	26.9815386(8)	73	タンタル	Ta	180.94788(2)
14	ケイ素	Si	28.0855(3)	74	タングステン	W	183.84(1)
15	リン	P	30.973762(2)	75	レニウム	Re	186.207(1)
16	硫黄	S	32.065(5)	76	オスミウム	Os	190.23(3)
17	塩素	Cl	35.453(2)	77	イリジウム	Ir	192.217(3)
18	アルゴン	Ar	39.948(1)	78	白金	Pt	195.084(9)
19	カリウム	K	39.0983(1)	79	金	Au	196.966569(4)
20	カルシウム	Ca	40.078(4)	80	水銀	Hg	200.59(2)
21	スカンジウム	Sc	44.955912(6)	81	タリウム	Tl	204.3833(2)
22	チタン	Ti	47.867(1)	82	鉛	Pb	207.2(1)
23	バナジウム	V	50.9415(1)	83	ビスマス	Bi	208.98040(1)
24	クロム	Cr	51.9961(6)	84	ポロニウム	Po	[210]
25	マンガン	Mn	54.938045(5)	85	アスタチン	At	[210]
26	鉄	Fe	55.845(2)	86	ラドン	Rn	[222]
27	コバルト	Co	58.933195(5)	87	フランシウム	Fr	[223]
28	ニッケル	Ni	58.6934(4)	88	ラジウム	Ra	[226]
29	銅	Cu	63.546(3)	89	アクチニウム	Ac	[227]
30	亜鉛	Zn	65.38(2)	90	トリウム	Th	232.03806(2)
31	ガリウム	Ga	69.723(1)	91	プロトアクチニウム	Pa	231.03588(2)
32	ゲルマニウム	Ge	72.64(1)	92	ウラン	U	238.02891(3)
33	ヒ素	As	74.92160(2)	93	ネプツニウム	Np	[237]
34	セレン	Se	78.96(3)	94	プルトニウム	Pu	[239]
35	臭素	Br	79.904(1)	95	アメリシウム	Am	[243]
36	クリプトン	Kr	83.798(2)	96	キュリウム	Cm	[247]
37	ルビジウム	Rb	85.4678(3)	97	バークリウム	Bk	[247]
38	ストロンチウム	Sr	87.62(1)	98	カリホルニウム	Cf	[252]
39	イットリウム	Y	88.90585(2)	99	アインスタイニウム	Es	[252]
40	ジルコニウム	Zr	91.224(2)	100	フェルミウム	Fm	[257]
41	ニオブ	Nb	92.90638(2)	101	メンデレビウム	Md	[258]
42	モリブデン	Mo	95.96(2)	102	ノーベリウム	No	[259]
43	テクネチウム	Tc	[99]	103	ローレンシウム	Lr	[262]
44	ルテニウム	Ru	101.07(2)	104	ラザホージウム	Rf	[267]
45	ロジウム	Rh	102.90550(2)	105	ドブニウム	Db	[268]
46	パラジウム	Pd	106.42(1)	106	シーボーギウム	Sg	[271]
47	銀	Ag	107.8682(2)	107	ボーリウム	Bh	[272]
48	カドミウム	Cd	112.411(8)	108	ハッシウム	Hs	[277]
49	インジウム	In	114.818(3)	109	マイトネリウム	Mt	[276]
50	スズ	Sn	118.710(7)	110	ダームスタチウム	Ds	[281]
51	アンチモン	Sb	121.760(1)	111	レントゲニウム	Rg	[280]
52	テルル	Te	127.60(3)	112	ウンウンビウム	Uub	[285]
53	ヨウ素	I	126.90447(3)	113	ウンウントリウム	Uut	[284]
54	キセノン	Xe	131.293(6)	114	ウンウンクアジウム	Uuq	[289]
55	セシウム	Cs	132.9054519(2)	115	ウンウンペンチウム	Uup	[288]
56	バリウム	Ba	137.327(7)	116	ウンウンヘキシウム	Uuh	[293]
57	ランタン	La	138.90547(7)	118	ウンウンオクチウム	Uuo	[294]
58	セリウム	Ce	140.116(1)				
59	プラセオジム	Pr	140.90765(2)				
60	ネオジム	Nd	144.242(3)				

表 3　各地の重力加速度実測値 [4]

地　名	経　度 [度 分 秒]	緯　度 [度 分 秒]	高　さ [m]	$g \times 10^{-2}$ [m/s^2]
旭　川	142 22 06	43 46 19	112.63	980.53242
稚　内	141 40 47	45 24 57	3	64260
札　幌	141 20 24	43 04 24	15	47757
盛　岡	141 09 56	39 41 56	153	18966
水　沢	141 12 13	39 06 40	123.50	16875
仙　台	140 50 41	38 15 05	127.77	06583
青　森	140 46 09	40 49 18	2.44	31106
山　形	140 20 57	38 14 51	168.33	01492
秋　田	140 08 12	39 43 46	27.93	17580
会津若松	139 54 38	37 29 18	211.78	979.91294
銚　子	140 51 20	35 44 20	20.04	86694
新　潟	139 02 54	37 54 45	2.67	97547
高　山	137 15 11	36 09 20	560.28	68508
名古屋	136 58 08	35 09 18	46.21	73254
京　都	135 47 01	35 01 45	59.78	70768
和歌山	135 09 50	34 13 46	13.20	68932
鳥　取	134 14 17	35 29 16	8	79065
広　島	132 28 00	34 22 21	0.98	65866
熊　本	130 43 41	32 49 02	22.76	55162
鹿児島	130 32 54	31 33 19	5	47118
長　崎	129 52 05	32 44 03	23.69	58803
那　覇	127 41 12	26 12 27	21.09	09592

実験室の重力加速度: $979.736413 \pm 0.000066 \times 10^{-2}$ m/s^2

表 4　空気の密度

温　度	圧 力 [mmHg]	σ[g/cm^3]
0 °C	760	1.293×10^{-3}
15 °C	760	1.226×10^{-3}
30 °C	760	1.165×10^{-3}

表 5 水の密度 [3]

1 気圧のもとにおける水の密度は, 3.98 °C において最大である. (単位は [g/cm^3])

温度 [°C]	0	1	2	3	4	5	6	7	8	9
	0.	0.	0.	0.	0.	0.	0.	0.	0.	0.
0	99984	99990	99994	99996	99997	99996	99994	99990	99985	99978
10	99970	99961	99949	99938	99924	99910	99894	99877	99860	99841
20	99820	99799	99777	99754	99730	99704	99678	99651	99623	99594
30	99565	99534	99503	99470	99437	99403	99368	99333	99297	99259
40	99222	99183	99144	99104	99063	99021	98979	98936	98893	98849
50	98804	98758	98712	98665	98618	98570	98521	98471	98422	98371
60	98320	98268	98216	98163	98110	98055	98001	97946	97890	97834
70	97777	97720	97662	97603	97544	97485	97425	97364	97303	97242
80	97180	97117	97054	96991	96927	96862	96797	96731	96665	96600
90	96532	96465	96397	96328	96259	96190	96120	96050	95979	95906

(* 温度は t_{68}: 1968 年国際実用温度目盛による測定)

表 6.1 金属の密度 [g/cm^3](室温) [3]

物 質	密 度	物 質	密 度	物 質	密 度
亜鉛	7.12	コバルト	8.8	鉛	11.34
アルミニウム	2.6989	スズ（白色）	7.28	ニッケル	8.85
アンチモン	6.69	ビスマス	9.8	白金	21.37
イリジウム	22.5	鉄	7.86	マグネシウム	1.74
金	19.3	銅	8.93	マンガン	7.42
水銀 (液)	13.5459	ナトリウム	0.97	ロジウム	12.44

表 6.2 合金の組成と密度 [g/cm^3] (室温) [5]

物 質	組 成 [%]	密 度	物 質	組 成 [%]	密 度
アルミニウム	Al 10, Cu 90	7.69	洋銀	Cu 26.3, Zn 36.6 Ni 36.8	8.3
– 銅合金	Al 5, Cu 95	8.37			
	Al 3, Cu 97	8.69		Cu 52, Zn 26, Ni 22	8.45
真ちゅう	Cu 70, Zn 30	8.5∼8.7		Cu 59, Zn 30, Ni 11	8.34
	Cu 90, Zn 10	8.6		Cu 63, Zn 30, Ni 6	8.30
	Cu 50, Zn 50	8.2	インバール	Fe 63.8, Ni 36, C 0.20	8.0
青銅	Cu 90, Sn 10	8.78	鉛 – スズ合金	Pb 87.5, Sn 12.5	10.6
	Cu 85, Sn 15	8.89		Pb 84, Sn 16	10.33
	Cu 80, Sn 20	8.74		Pb 72.8, Sn 22.2	10.05
	Cu 75, Sn 25	8.83		Pb 63.7, Sn 36.3	9.43
コンスタンタン	Cu 60, Ni 40	8.88		Pb 46.7, Sn 53.3	8.73
ジュラルミン	Cu 4, Mg 0.5 Mn 0.5, 残り Al	2.79		Pb 30.5, Sn 69.5	8.24
			モネルメタル	Ni 71, Cu 27, Fe 2	8.90
ステンレス鋼	Fe 74, Cr 18, Ni 8	7.91	りん青銅	Cu 79.7, Sn 10 Sb 9.5, P 0.8	8.8

表 6.3　種々の物質の密度 [g/cm^3](室温) [3]

固体	密度	固体	密度	液体	密度
アスファルト	1.04~ 1.40	石綿	2.0~3.0	エチル・アルコール	0.789
エボナイト	1.1~1.4	セメント	3.0~3.15	メチル・アルコール	0.793
花崗岩	2.6~2.7	セルロイド	1.35~1.60	海水	1.01~1.05
紙 (洋紙)	0.7~1.1	綿	1.50~1.55	ガソリン	0.66~0.75
ガラス (クラウン)	2.2~3.6	象牙	1.8~1.9	牛乳	1.03~1.04
ガラス (フリント)	2.8~6.3	大理石	1.52~2.86	グリセリン	1.264
ガラス (パイレックス)	2.32	パラフィン	0.87~0.94	二硫化炭素	1.263
ゴム (弾性)	0.91~0.96	ファイバー	1.2~1.5	硫酸	1.834
氷 (0°C)	0.917	ベークライト	1.20~1.29	気体 (0°C 1気圧)	密度
コルク	0.22~0.26	方解石	2.71		$\times 10^{-3}$
コンクリート	2.4	煉瓦	1.2~2.2	塩素	3.220
金剛石	3.51	桐	0.31	空気	1.293
砂糖	1.59	栗	0.60	酸素	1.429
磁器	2.0~2.6	欅	0.70	水素	0.0899
食塩	2.17	杉	0.40	窒素	1.250
水晶	2.65	竹	0.31~0.40	二酸化炭素	1.977
スレート	2.7~2.9	桧	0.49	アンモニア	0.771
石炭	1.2~1.7	松	0.52		

表 7　金属の弾性定数 [3]

物　質	ヤング率 E $\times 10^{10}$[N/m^2]	剛性率 n $\times 10^{10}$[N/m^2]	Poisson 比 σ	体積弾性率 κ $\times 10^{10}$[N/m^2]
アルミニウム	7.03	2.61	0.345	7.55
銅	12.98	4.83	0.343	13.78
金	7.80	2.70	0.44	21.70
鉄（軟）	21.14	8.16	0.293	16.98
〃（鋼）	20.1~21.6	7.8~8.4	0.28~0.30	16.5~17.0
〃（鋳）	15.23	6.00	0.27	10.95
鉛	1.61	0.559	0.44	4.58
ニッケル（軟）	19.95	7.60	0.312	17.73
ニッケル（硬）	21.92	8.39	0.306	18.76
白　金	16.80	6.10	0.377	22.80
銀	8.27	3.03	0.367	10.36
ス　ズ	4.99	1.84	0.357	5.82
亜　鉛	10.84	4.34	0.249	7.20
コンスタンタン	16.24	6.12	0.327	15.64
青　銅 [1)]	8.08	3.43	0.358	9.52
マンガニン [2)]	12.4	4.65	0.329	12.1
真ちゅう [3)]	10.06	3.73	0.350	11.18
燐青銅 [4)]	12.0	4.36	0.38	–
洋　銀 [5)]	13.25	4.97	0.333	13.20

1) 85.7%Cu, 7.2%Zn, 6.4%Sn　2) 84%Cu, 12%Mn, 4%Ni　3) 70%Cu, 30%Zn
4) 92.5%Cu, 7%Sn, 0.5%P　5) 55%Cu, 18%Ni, 27%Zn

表 8.1 固体の線膨張率 $\alpha \times 10^{-6}$ [deg^{-1}]

物 質	温度 [°C]	α	物 質	温度 [°C]	α
亜 鉛	0～100	29.76	真鍮 (Cu67,Zn33)	0～100	19.06
アルミニウム	0～100	23.2	青銅 (Cu85,Sn15)	16～100	17.1～17.8
金	0～100	14.70	インバール		0.9
銀	0～100	19.7	洋 銀	0～100	18.36
ス ズ	0～100	22.96	硝 子	0～100	8～10
タングステン	27	4.5	硝子 (フリント)	50～60	8
鉄 (鋳)	40	10.61	石英硝子	0～100	0.4
鉄 (鍛)	−191～16	8.50	磁 器	0～100	3～6
鉄 (鋼)	−18～100	11.40	コンクリート		6.8～12.7
銅	0～100	16.7	大理石		5～16
鉛	0～100	29.3	エボナイト		50～80
ニッケル	40～100	12.8	木 材 (縦)		3～5
白 金	40～100	8.9	〃 (横)		35～60

表 8.2 液体, 気体の体膨張率 β [deg^{-1}]

物 質	温度 [°C]	β	物 質	温度 [°C]	β
		$\times 10^{-3}$			$\times 10^{-3}$
アルコール (エチル)	20	1.08	水 銀	20	0.182
〃 (メチル)	20	1.19	〃	0～100	0.1826
エーテル (エチル)	20	1.63	〃	−20～0	0.1815
石油 (比重 0.8467)	20	0.955	グリセリン	20	0.47
水	5～10	0.053	オリーブ油	20	0.721
〃	10～20	0.150	空気 (1000mmHg)	100	3.673
〃	20～40	0.302	炭酸ガス (1000mmHg)	100	3.741
〃	40～60	0.458	水素 (1000mmHg)	100	3.659
〃	60～80	0.587	〃 (800 気圧)	−	2.42

表 9.1 水の飽和水蒸気圧 [6]

単位は 100 °C 以下は mmHg, 100 °C 以上は気圧

温度 [°C]	0	1	2	3	4	5	6	7	8	9
0	4.58	4.93	5.29	5.68	6.10	6.54	7.01	7.51	8.04	8.61
10	9.21	9.84	10.51	11.23	11.98	12.78	13.63	14.53	15.47	16.47
20	17.53	18.65	19.82	21.07	22.38	23.76	25.21	26.74	28.35	30.04
30	31.83	33.70	35.67	37.73	39.90	42.18	44.57	47.08	49.70	52.45
40	55.34	58.36	61.52	64.82	68.28	71.90	75.67	79.63	83.75	88.06
50	92.5	97.3	102.1	107.3	112.6	118.1	123.9	129.9	136.2	142.7
60	149.5	156.5	163.9	171.5	179.4	187.6	196.2	205.1	214.3	223.9
70	233.8	244.1	254.8	265.8	277.3	289.2	301.5	314.3	327.5	341.1
80	355.3	369.9	385.1	400.7	416.9	433.6	450.9	468.7	487.2	506.2
90	525.9	546.2	567.1	588.7	611.0	634.0	657.7	682.1	707.3	733.3
100	1.000	1.036	1.074	1.112	1.151	1.192	1.234	1.277	1.322	1.367
110	1.414	1.462	1.512	1.562	1.615	1.668	1.724	1.780	1.838	1.898
120	1.959	2.022	2.087	2.153	2.221	2.291	2.362	2.435	2.510	2.587
130	2.666	2.747	2.830	2.914	3.001	3.089	3.176	3.274	3.369	3.467
140	3.567	3.669	3.773	3.880	3.989	4.101	4.215	4.332	4.451	4.574

表 9.2 0°C 以下の水 (氷) の飽和水蒸気圧 [3]

温度 [°C]	−1	−2	−3	−4	−5	−6	−7	−8	−9
蒸気圧 [mmHg]	4.22	3.88	3.57	3.28	3.01	2.77	2.53	2.32	2.13

表 10　乾湿計用湿度表　JIS-Z8806

下表は乾球の温度を t [°C]，湿球の温度を t' [°C]，現地気圧が 1013.25 [hPa] のときの相対湿度表 (JIS-Z8806：2001 年改正) である．

t [°C]	$t-t'$ [°C]															
	0	1	2	3	4	5	6	7	8	9	10	11	12	13	14	15
0	100	82	64	47	31	14										
1	100	83	66	50	34	18										
2	100	84	68	52	37	22										
3	100	84	69	54	40	25	12									
4	100	85	70	56	42	29	15									
5	100	86	72	58	45	32	19									
6	100	86	73	60	47	34	22	11								
7	100	87	74	61	49	37	25	14								
8	100	87	75	63	51	39	28	17								
9	100	88	76	64	53	42	31	21	10							
10	100	88	76	65	54	44	33	23	14							
11	100	88	77	66	56	46	36	26	17							
12	100	89	78	68	57	48	38	29	20	11						
13	100	89	79	69	59	49	40	31	22	14						
14	100	89	79	70	60	51	42	33	25	17						
15	100	90	80	70	61	52	44	35	27	19	12					
16	100	90	81	71	62	54	45	37	29	22	15					
17	100	90	81	72	63	55	47	39	32	24	17	10				
18	100	91	82	73	64	56	48	41	33	26	19	13				
19	100	91	82	74	65	57	50	42	35	28	22	15				
20	100	91	83	74	66	59	51	44	37	30	24	18	11			
21	100	91	83	75	67	60	52	45	39	32	26	20	14			
22	100	92	83	75	68	61	54	47	40	34	28	22	16	10		
23	100	92	84	76	69	62	55	48	42	35	29	24	18	13		
24	100	92	84	77	69	62	56	49	43	37	31	25	20	15	10	
25	100	92	84	77	70	63	57	50	44	38	33	27	22	17	12	
26	100	92	85	78	71	64	58	51	45	40	34	29	24	19	14	
27	100	92	85	78	71	65	58	52	47	41	36	30	25	20	16	11
28	100	93	85	78	72	65	59	53	48	42	37	32	27	22	17	13
29	100	93	86	79	72	66	60	54	49	43	38	33	28	24	19	15
30	100	93	86	79	73	67	61	55	50	44	39	34	30	25	21	16

表 11 主要スペクトル線 [3][7]

単位 [nm]

$_{1}$H		
656.285(c)	H_α	赤
486.133(f)	H_β	緑青
434.047	H_γ	青
410.174	H_δ	菫
397.007	H_ϵ	菫

$_{2}$He	
706.519	赤
667.815	赤
587.562	黄
501.568	緑
492.193	緑青
471.314	青
447.148	青
402.619	菫
388.865	菫

$_{3}$Li	
670.79	赤
610.36	橙
460.20	青

$_{10}$Ne	
650.653	赤
640.225	橙
638.299	橙
626.650	橙
621.728	橙
614.306	橙
588.190	黄
585.249	黄

$_{11}$Na	
589.592(D_1)	黄
588.995(D_2)	黄

$_{19}$K	
769.898	赤
766.491	赤
404.722	菫
404.414	菫

$_{20}$Ca	
558.87	黄
422.67(帯)	菫
396.85(H)	菫
393.37(K)	菫

$_{30}$Zn	
636.24	橙
610.25	橙
492.40	緑青
491.17	緑青
481.05	青
472.22	青
468.01	青

$_{38}$Sr	
460.73(帯)	青

$_{48}$Cd	
643.84696	赤
508.582	緑
479.992	青
467.815	青
466.235	青
441.463	青

$_{80}$Hg	
623.437	橙
579.065	黄
576.959	黄
546.074	緑
491.604	緑青
435.835	青
407.781	菫
404.656	菫

波長範囲	色
1×10^5 – 810	赤外
810 – 640	赤
640 – 590	橙
590 – 550	黄
550 – 490	緑
490 – 430	青
430 – 380	菫
380 – 10	紫外

表 12 光の屈折率 [7]

	赤線 C (H_α) 656.3 nm	黄線 D (Na) 589.3 nm	青線 F (H_β) 486.1 nm
水 (20 °C)	1.3314	1.3330	1.3373
エチルアルコール (18 °C)	1.3609	1.3618	1.3665
二硫化炭素 (18 °C)	1.6199	1.6291	1.6541
クラウン硝子 (軽)	1.5127	1.5153	1.5214
クラウン硝子 (重)	1.6126	1.6152	1.6213
フリント硝子 (軽)	1.6038	1.6085	1.6200
フリント硝子 (重)	1.7434	1.7515	1.7723
方解石 (常 光)	1.6544	1.6584	1.6679
方解石 (異常光)	1.4846	1.4864	1.4908
水 晶 (常 光)	1.5419	1.5443	1.5496
水 晶 (異常光)	1.5509	1.5534	1.5589

表 13　電磁波の波長と名称

エネルギー eV	波長 m	振動数 Hz	慣用のよび名	
		10^{4}	VLF 超長波	電波[1]（↑∞）
10^{-10}	10^{4}			
		10^{5}	LF 長波	
10^{-9}	10^{3} (1km)			
		10^{6} (1MHz)	MF 中波	
10^{-8}	10^{2}			
		10^{7}	HF 短波	
10^{-7}	10^{1}			
		10^{8}	VHF 超短波	
10^{-6}	1			
		10^{9} (1GHz)	UHF 極超短波	
10^{-5}	10^{-1}			
		10^{10}	SHF センチ波	マイクロ波
10^{-4}	10^{-2}			
		10^{11}	EHF ミリ波	
10^{-3}	10^{-3} (1mm)			
		10^{12} (1THz)	サブミリ波	
10^{-2}	10^{-4}		遠赤外線 (>50μm)[2]	
		10^{13}		
10^{-1}	10^{-5}		赤外線 (50〜5μm)	
		10^{14}	近赤外線 (5〜0.8μm)	
1 (1eV)	10^{-6} (1μm)		可視光線 (770〜380nm)	
		10^{15}	紫外線 (350〜200nm)	
10	10^{-7}			
		10^{16}	真空紫外線 (200〜10nm)	
10^{2}	10^{-8}		軟X線 (10〜0.2 nm)	
		10^{17}		
10^{3} (1keV)	10^{-9} (1nm)			
		10^{18}		
10^{4}	10^{-10} (1Å)			X線
		10^{19}		
10^{5}	10^{-11}			
		10^{20}		
10^{6} (1MeV)	10^{-12}			γ線
		10^{21}		
10^{7}	10^{-13}			
		10^{22}		
10^{8}	10^{-14}			
		10^{23}		

可視光線[3]

μm	色
0.77	
	赤
0.64	
	橙
0.59	
	黄
0.55	
	緑
0.49	
	青
0.43	
	紫
0.38	

1) 電波の周波数帯の英字による呼び方は，国際電気通信条約無線規則による．
2) (　　　)に示した数字は波長の概数である．
3) 可視光線の限界ならびに色の境界には個人差がある．

表 14 電気抵抗率及び抵抗温度係数 (20 °C) [3]

金 属	抵抗率 (20 °C) $\times 10^{-8}$ [Ωm]	温度係数 (0 ~ 100 °C) $\times 10^{-3}$ [/°C]
銀	1.62	4.1
銅	1.72	4.3
金	2.4	4.0
アルミニウム	2.75	4.2
真ちゅう	5〜7	1.4〜2
タングステン	5.5	5.3
モリブデン	5.6	4.4
亜鉛	5.9	4.2
白金	10.6	3.9
ニッケル	7.24	6.7
鉄（鋼）	10〜20[a)]	4.5〜5
スズ	11.4	4.5
鉛	21	4.2
水銀	95.8	0.99
アンチモン	38.7[b)]	5.4
ビスマス	120	4.5
洋銀	17〜41[a)]	0.4〜0.38
コンスタンタン	50[a)]	−0.04〜+0.01
マンガニン	42〜48	−0.03〜+0.02
ニクロム	95〜104	0.3〜0.5

a) 室温 *b*) 0 °C

参考文献

[1] 国立天文台『理科年表』(丸善, 2020)

[2] 国際単位系 (SI) の手引編集委員会『国際単位系 (SI) の手引 改訂第 3 版』(日本規格協会, 1986)

[3] 国立天文台『理科年表』(丸善, 2001)

[4] 国立天文台『理科年表』(丸善, 2008)

[5] 飯田修一 他『新物理定数表 新版』(朝倉出版, 2000)

[6] 国立天文台『理科年表』(丸善, 1980)

[7] 吉田卯三郎 他『六訂 物理学実験』(三省堂, 1979)

近年, 各種物理定数の測定精度は上がり, 理科年表の数値は大きく改訂された. しかし, 本書の編集にあたっては部分的な改訂に留めた. この実験の受講において, これらの数値の精度が問題となることはない. 最新の値を利用したい場合は, 他の専門書も参照されたい.

編　者

池田　大輔　神奈川大学工学部
竹川　俊也　神奈川大学工学部
守屋　元道　神奈川大学工学部
平野　信吾　神奈川大学工学部

物理学実験　2024

2014 年 3 月 30 日　第 1 版　第 1 刷　発行
2018 年 3 月 30 日　第 1 版　第 5 刷　発行
2019 年 3 月 30 日　第 2 版　第 1 刷　発行
2024 年 3 月 30 日　第 2 版　第 6 刷　発行

編　者　神奈川大学工学部応用物理学科
発行者　発田和子
発行所　株式会社 学術図書出版社
〒113-0033　東京都文京区本郷 5 丁目 4 の 6
TEL 03-3811-0889　振替 00110-4-28454
印刷　三和印刷（株）

定価は表紙に表示してあります.

ISBN 978-4-7806-1215-8　C3042